半导体物理实验

李志彬　叶秋枫　主编

U0305081

电子科技大学出版社
University of Electronic Science and Technology of China Press
·成都·

图书在版编目（CIP）数据

半导体物理实验 / 李志彬，叶秋枫主编. -- 成都：

成都电子科大出版社, 2025. 1. -- ISBN 978-7-5770

-1377-0

Ⅰ. O47-33

中国国家版本馆 CIP 数据核字第 2024Y6E717 号

内 容 简 介

本教材的编写目的是培养学生掌握正确的科学实验方法，提高学生的观察分析能力、应用创新能力和实际动手能力。全书共包括实验项目 18 个，其中 10 个为半导体物理实验，8 个为半导体器件实验。实验项目是根据浙江绍兴文理学院半导体物理实验教学改革和建设的需要，结合学生实际情况而设置的。作为一门专业实验课程，学生通过独立完成半导体材料和器件特性测试与分析，达到巩固和强化半导体物理与器件理论知识，提升学生在微电子技术领域的竞争力，培养学生灵活运用理论知识解决实际问题的能力，锻炼学生分析、探讨和总结实验结果的能力的目标。

本书可作为普通高等院校电子类专业半导体物理实验课程的教材或参考书。

半导体物理实验
BANDAOTI WULI SHIYAN

李志彬　叶秋枫　主编

策划编辑　曾　艺　谢晓辉
责任编辑　谢晓辉
责任校对　曾　艺
责任印制　段晓静

出版发行　电子科技大学出版社
　　　　　成都市一环路东一段 159 号电子信息产业大厦九楼　邮编　610051
主　　页　www.uestcp.com.cn
服务电话　028-83203399
邮购电话　028-83201495

印　　刷　成都久之印刷有限公司
成品尺寸　170mm×240mm
印　　张　9.25
字　　数　198 千字
版　　次　2025 年 1 月第 1 版
印　　次　2025 年 1 月第 1 次印刷
书　　号　ISBN 978-7-5770-1377-0
定　　价　56.00 元

前　言

　　半导体物理实验是浙江绍兴文理学院为微电子科学与工程专业本科生设置的一门专业实验课，目的是培养学生掌握正确的科学实验方法，提高学生的观察分析能力、应用创新能力和实际动手能力。作为一门专业实验课程，学生通过独立完成半导体材料和器件特性测试与分析，巩固和强化对半导体物理与器件的理论知识的理解，训练整理、分析和总结实验数据的技能，掌握运用半导体特性测量仪器解决微电子领域复杂工程问题的能力，培养实事求是、严谨认真的科学作风。

　　本书是在浙江绍兴文理学院电子科学与技术实验教学中心使用多年的《半导体物理实验讲义》的基础上经过改编、深化及更新而成的。全书共包括实验项目 18 个，其中 10 个为半导体物理实验，8 个为半导体器件实验。实验项目是根据我校半导体物理实验教学改革和建设的需要，结合学生实际情况而设置的。本书可作为普通高等院校电子类专业半导体物理实验课程的教材或参考书。

　　随着实验教学改革的深入，新技术、新方法、新仪器不断引入半导体物理实验教学中，加之作者视野和水平有限，书中难免存在不足之处，欢迎各位同行和使用本书的师生提出宝贵意见和建议。

编　者
2024 年 10 月

目　　录

实验一 四探针法测量电阻率

电阻率是反映半导体材料导电性能的重要参数之一。虽然测量电阻率的方法很多，但由于四探针法设备简单、操作方便、精确度高、测量范围广泛，而且对样品形状无严格要求，不仅能测量大块材料的电阻率，也能测量异型层、扩散层、离子注入层及外延层的电阻率，因此在科学研究及实际生产中得到广泛应用。

本实验使用四探针法测量硅单晶材料的电阻率及 P-N 结扩散层的方块电阻。通过实验，掌握四探针法测量电阻率的基本原理和方法以及对不同几何形状样品的修正，并了解影响测量结果的各种因素。

【实验目的】

1. 掌握四探针法测量电阻率和薄层电阻的原理与方法，针对不同几何尺寸的样品，掌握其修正方法。

2. 了解影响电阻率测量的各种因素及改进措施。

【实验仪器】

本实验采用 D41-11D/ZM 型微控四探针测试仪。总体结构分为三部分：微机显示器，电气控制盒及测试台，如图 1-1 所示。

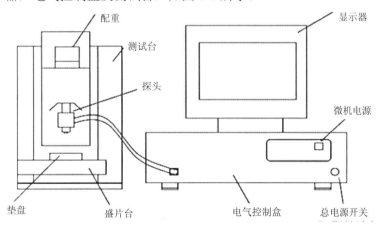

图 1-1 D41-11D/ZM 型微控四探针测试仪

样品测试台由样品升降架、传动机构、探头和盛片台等组成。探头为定压式探头，探针间距 S 为 $1\pm0.01\,\mathrm{mm}$。探头上方加有配重，保证探针与样品形成良好的接触。探头升降由传动机构自动控制。测试时，待测试样品放在盛片台上，盛片台可以手动操作左右直线移动 90 mm，旋转 360°，若样品很薄，测量过程中会出现"探针状态"的报警，此时把垫盘置于盛片台上，被测样品放在垫盘上，以使测量顺利进行。

实验过程由四探针测试程序对四探针测试仪进行自动控制，通过选择测量项目、测量方法、样品厚度等来完成计算参数的输入，得出测量结果，操作简单方便。

【实验原理】

1. 四探针测量大块单晶材料的电阻率

在半无穷大样品上的点电流源，若样品的电阻率 ρ 均匀，引入点电流源的探针的电流强度为 I，则所产生的电力线具有球面的对称性，即等位面为一系列以点电流为中心的半球面，如图 1-2 所示。

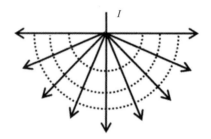

图 1-2　半无穷大样品上电力线分布

在以 r 为半径的半球面上，电流密度 j 的分布是均匀的，样品中距离点电流源 r 处的电场 E 为

$$E = j\rho = \frac{I\rho}{2\pi r^2} \tag{1-1}$$

由电场强度和电位梯度以及球面对称关系，则

$$E = -\frac{\mathrm{d}\psi}{\mathrm{d}r} \tag{1-2}$$

$$\mathrm{d}\psi = -E\mathrm{d}r = -\frac{I\rho}{2\pi r^2}\mathrm{d}r \tag{1-3}$$

取 r 为无穷远处的电位为零，则

$$\int_0^{\psi(r)} \mathrm{d}\psi = \int_\infty^r -E\mathrm{d}r = \frac{-I\rho}{2\pi}\int_\infty^r \frac{\mathrm{d}r}{r^2} \tag{1-4}$$

$$\psi = \frac{I\rho}{2\pi r} \tag{1-5}$$

式（1-5）就是半无穷大均匀样品上离开点电流源距离为 r 的点的电位与探针流过的电流和样品电阻率的关系式，它代表了一个点电流源对距离 r 处的点的电势贡献。

四根探针位于样品中央，如图 1-3 所示，电流从探针 1 流入，从探针 4 流出，则可将 1 和 4 探针认为是点电流源，由电位公式可知，2 和 3 探针的电位为

$$\psi_2 = \frac{I\rho}{2\pi}\left(\frac{1}{r_{12}} - \frac{1}{r_{24}}\right) \tag{1-6}$$

$$\psi_3 = \frac{I\rho}{2\pi}\left(\frac{1}{r_{13}} - \frac{1}{r_{34}}\right) \tag{1-7}$$

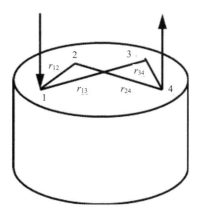

图 1-3　四探针测量示意图

2、3 探针的电位差为

$$V_{23} = \psi_2 - \psi_3 = \frac{\rho I}{2\pi}\left(\frac{1}{r_{12}} - \frac{1}{r_{24}} - \frac{1}{r_{13}} + \frac{1}{r_{34}}\right) \tag{1-8}$$

由此可得出样品的电阻率为

$$\rho = \frac{2\pi V_{23}}{I}\left(\frac{1}{r_{12}} - \frac{1}{r_{24}} - \frac{1}{r_{13}} + \frac{1}{r_{34}}\right)^{-1} \tag{1-9}$$

最常用的四探针是将四根金属探针的针尖排在同一直线上的直线型四探针，如图 1-4 所示。

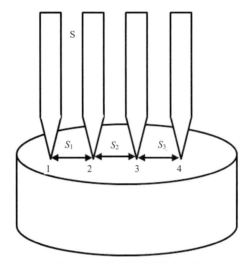

图 1-4　直线型四探针示意图

当 $S_1=S_2=S_3=S$，即四探针间距相等时，上式简化为

$$\rho = 2\pi S \frac{V_{23}}{I} \tag{1-10}$$

式（1-10）就是利用直线型四探针测量电阻率的公式。可见，只要测出流过 1、4 探针的电流 I，2、3 探针间的电势差 V_{23} 以及探针间距 S，就可以求出样品的电阻率。

以上公式是在半无限大样品的基础上导出的。实际上只要样品的厚度及边缘与探针之间的最近距离大于 4 倍探针间距 S 时，式（1-10）就具有足够的精确度。若这些条件不能满足时，由探针流入样品的电流会被样品的边界表面反射（非导电边界）或吸收（导电边界），结果会使 2、3 探针处的电位升高或降低。因此，这种情况下测得的电阻率值会高于或低于样品电阻率的真实值，故对测量结果需要进行一定的修正。修正后的计算公式为

$$\rho = 2\pi S \frac{V_{23}}{I} \frac{1}{B_0} \tag{1-11}$$

式中，B_0 为修正因子，其数值见附录。

采用式（1-10）进行测量的方法称为经典法。同理，在 1、3 两根探针上通电流 I，测量 2、4 两探针上的电压 V_{24} 也可以得到样品电阻率的表达式。在同一点上用两种不同的组合方式分别进行测量，然后用相应公式对测量值进行计算而得出结果的方法称为双位组合法。双位组合法可自动消除样品边界、线度、探针间距及其游移率的影响，提高测量精度。

此外，在测量过程中，还需要注意以下问题：

（1）为了增加测量表面的载流子复合速度，避免少子注入对测量结果的影响，待测样品的表面需经粗磨或喷砂处理，特别是高电阻率的样品更需要注意这一点。

（2）在测量高阻材料及光敏材料时，由于光电导效应及光压效应会严重影响电阻率的测量，应特别注意避免光照。

（3）需在电场强度 $\varepsilon < 1\ V/cm$ 的弱场下进行测量。

（4）半导体材料的电阻率随温度的变化很灵敏。因此必须在样品达到热平衡的情况下进行测量，并记录测量时的温度。必要时还需进行温度系数修正。

（5）测量时电流 I 要选择适当，电流太小，会降低电压测量精度，但电流太大会因非平衡载流子注入或样品发热而使电阻率降低。

2．四探针法测量 P-N 结扩散层的方块电阻

在 N 型或 P 型单晶衬底上扩散 P 型或 N 型杂质，就形成了一个 P-N 结。由于反向 P-N 结的隔离作用，可将扩散层下面的衬底视为绝缘层，用四探针法测量扩散层的薄层电阻 $R_\square$（即扩散层的方块电阻）。在相对于探针间距扩散层的厚度可视为无限小而面积可视为无穷大的情况下，扩散层可看成是二维平面。扩散薄层的方块电阻为

$$R_\square = \frac{2\pi V_{23}}{I}\left[\ln(\frac{S_1+S_2}{S_3}) + \ln(\frac{S_2+S_3}{S_1})\right]^{-1} \tag{1-12}$$

当 $S_1 = S_2 = S_3 = S$ 时，上式可简化为

$$R_\square = \frac{\pi}{\ln 2}\frac{V_{23}}{I} = 4.5324\frac{V_{23}}{I} \tag{1-13}$$

$R_\square$ 的单位为欧姆，通常用符号 $\Omega/\square$ 表示，代表一个正方形薄层的电阻。值得注意的是它与正方形边长的大小无关，所以取名为方块电阻。

实际上，无限薄层是不存在的，但只要扩散层的厚度（即扩散结深）X_j 远小于 $S/2$ 时，就可视为无限薄层。在半导体器件的生产中，扩散层厚度 X_j 只有几个微米或更小，而探针间距 S 一般约为 1 mm 左右，所以无限薄层的条件是能够满足的。

如果扩散层的表面不能视为无穷大，就要对（1-12）式进行修正，此时扩散层方块电阻的公式变为

$$R_\square = C_0\frac{V_{23}}{I} \tag{1-14}$$

式中，C_0 为修正系数。

引入扩散层平均电阻率 $\bar{\rho}$，可以证明

$$\bar{\rho} = R_{\square} \cdot X_j = C_0 \frac{V_{23}}{I} \cdot X_j \qquad (1\text{-}15)$$

【实验内容】

1．测量单晶硅片的电阻率。

2．测量 P-N 结扩散层的方块电阻。

3．测量探针间距及样品的尺寸，查表得出修正系数值。

【实验步骤】

1．开机、预热

按下主机电源开关以及微机电源开关，等待 10 min 后进行测量。

2．放置样品

将圆形垫盘放在盛片盘上，待测硅片放置在垫盘上，处于探针正下方位置。为使被测样品与探针之间形成良好的接触，确保测量的一致性，测试前样品表面要进行预处理，去除表面吸附物。

3．进入系统

双击启动四探针测试程序，点击"确定"按钮弹出对话框，在文件名栏中输入要新建的数据库名，点击"打开"按钮，创建新数据库。

新建的数据库中不存在数据表，点击"新建数据"表创建一个新的数据表，接着弹出系统主界面，如图 1-5 所示。

4．测量

A：确定测试参数

选择测量项目（电阻率或方块电阻）；测量挡（选自动测量：系统自动调整放大倍数和恒流值）；输入片厚（样品厚度 d 为 525μm）；测量环境温度；批号；产品型号；工序；工位。其他参数均采用默认。

本测试程序默认待测样品为片状单晶，即除样品的厚度 d 外，样品的其他尺寸相对于探针间距 S 视为无穷大。因此输入片厚 d 数值后，系统自动进行修正计算，得到修正后的结果。

B：开始测量

点击"记录测量"按钮进行单点测试，此时给出"请您登录"的提示。选择系统管理菜单中的"用户登录"进行登录，再次点击"记录测量"按钮进行测量。

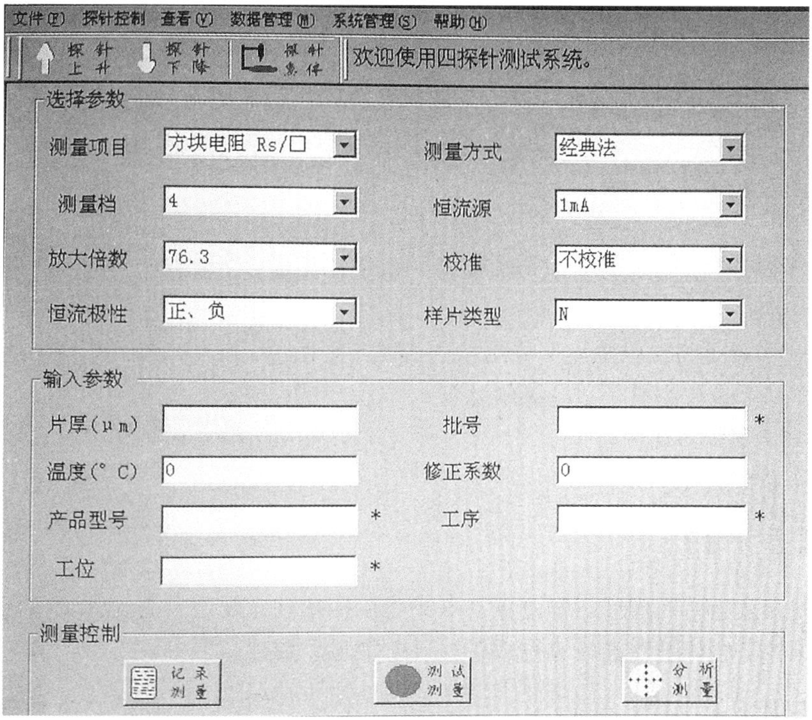

图 1-5 操控面板

测量结束后系统自动切换到结果显示页，一次测量记录过程结束，数据自动保存到数据表中，可点击"删除记录"按钮删除保存的记录。

结果页显示所有的测量参数和结果值，同时在该页的右上角报警区显示报警信息，如果所有的报警信息均为绿色，说明本次测量未出现问题，结果有效。若任意一个变为红色，则本次测量过程有误，结果无效。

测量过程中若出现结果值溢出或精度不够，需要重新选择参数。对于自定义测量，如果是精度不够，可改大放大倍数进行测量，若还出现此现象，则改大恒流值；如果是结果溢出，则改小放大倍数，若还出现此现象，则改小恒流值。

C：数据查询

点击数据管理菜单中的"查看数据项"，进入数据查询页，查看保存的记录。点击数据查看页菜单中的"选择参数"，回到参数选择页，再次进行测量。

D：点击"探针上升"按钮，抬起探针，改变测试点位置，进行下一次测量（若使用"分析测量"探针会自动抬起）。

【实验数据记录及处理】

1. 对所给样品测量五个不同的点，计算（修正）当 $I=1$ mA 时的电阻率 ρ。
2. 计算扩散情况不同的样品的薄层电阻。

【注意事项】

1. 电流要选择适当，电流太小影响电压检测精度，电流太大会引起发热或非平衡载流子注入。

2. 半导体材料的电阻率受温度的影响十分敏感，因此，必须在样品达到热平衡情况下进行测量并记录测量温度。

3. 由于正向探针有少子注入及探针移动的存在，所以在测量中总是进行正反两个电流方向的测量，然后取其平均值以减小误差。

【思考题】

为什么要用四探针进行测量，如果只用两根探针既作电流探针又作电压探针，这样是否能够对样品进行较为准确的测量？为什么？

【附录】

一、单晶样品电阻率的修正因子 B_0

1. 样品为片状单晶，除样品的厚度外，样品的其他尺寸相对于探针间距 S 可视为无穷大。如图 1-6 所示。

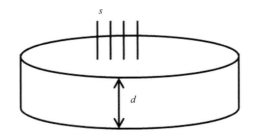

图 1-6 片状单晶测试示意图

（1）样品置于不导电的界面上

样品置于不导电界面上时的修正因子 B_0 详细值见表 1-1 所示。

表 1-1　样品置于不导电界面上时的修正因子 B_0

S/d	B_0	S/d	B_0	S/d	B_0
0.1	1.0009	0.7	1.2225	1.6	2.2410
0.2	1.0070	0.8	1.3062	1.8	2.5083
0.3	1.0227	0.9	1.4008	2.0	2.7799
0.4	1.0511	1.0	1.5045	25	3.4674
0.5	1.0939	1.2	1.7329	5.0	6.9315
0.6	1.1512	1.4	1.9809	10.0	13.8369

（2）样品置于导电的界面上

样品置于导电界面上时的修正因子 B_0 详细值见表 1-2 所示。

表 1-2　样品置于导电界面上时的修正因子 B_0

S/d	0.1	0.2	0.5	0.8	1.0	1.5	2.0	5.0
B_0	0.9993	0.9948	0.9329	0.7960	0.6833	0.4159	0.2283	0.0034

2．样品为片状单晶，四探针针尖所连成的直线与样品的一个边界平行，且距离为 L，除样品的厚度及该边界外，其余边界可视为无穷远。如图 1-7 所示。

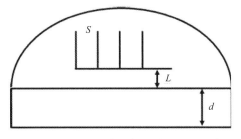

图 1-7　探针排列方向与样品边界平行示意图

（1）样品周界均为不导电边界

样品周界均为不导电边界时的修正因子 B_0（探针排列方向与边界平行）详细值见表 1-3 所示。

表 1-3　样品周界均为不导电边界时的修正因子 B_0（探针排列方向与边界平行）

S/d \ L/S (B_0)	0	0.1	0.2	0.5	1.0	2.0	5.0	10.0
0.0	2.000	1.9661	1.8764	1.5198	1.1890	1.0379	1.0029	1.0004
0.1	2.002	1.97	1.88	1.52	1.19	1.040	1.004	1.0017
0.2	2.016	1.98	1.89	1.53	1.20	1.052	1.014	1.0094
0.5	2.188	2.15	2.06	1.70	1.35	1.176	1.109	1.0977
1.0	3.009	2.97	2.87	2.45	1.98	1.667	1.534	1.512
2.0	5.560	5.49	5.34	4.61	3.72	3.104	2.838	2.795
5.0	13.863	13.72	13.32	11.55	9.28	3.744	7.078	6.969
10.0	27.726	27.43	26.71	23.03	18.56	15.49	14.156	13.938

（2）与探针尖连成的直线平行的边界为导电边界

当探针排列方向平行的边界为导电边界时的修正因子 B_0（探针排列方向与边界平行）详细值见表 1-4 所示。

表 1-4　当探针排列方向平行的边界为导电边界时的修正因子 B_0（探针排列方向与边界平行）

S/d \ L/S (B_0)	0.1	0.2	0.5	1.0	2.0	5.0	10.0
0.0	0.034	0.124	0.481	0.811	0.962	0.997	0.9996
0.1	0.03	0.124	0.348	0.81	0.96	0.997	1.00014
0.2	0.03	0.125	0.48	0.81	0.96	1.002	1.0064
0.5	0.04	0.125	0.49	0.83	1.01	1.08	1.09
1.0	0.04	0.142	0.56	1.03	1.34	1.48	1.497
5.0	0.066	0.22	0.95	1.84	2.46	2.72	2.765
10.0	0.146	0.55	2.35	4.58	6.12	6.78	6.894

3. 样品为片状单晶，四探针针尖所连成的直线与样品的一个边界垂直，且探针与该边界的最近距离为 L，除样品的厚度及该边界外，其余边界可视为无穷远。如图 1-8 所示。

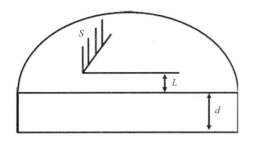

图 1-8　探针排列方向与边界垂直示意图

（1）样品周界均为不导电边界

样品周界为不导电边界时的修正因子 B_0（探针排列方向与边界垂直）详细值见表 1-5 所示。

表 1-5　样品周界为不导电边界时的修正因子 B_0（探针排列方向与边界垂直）

B_0 L/S S/d	0	0.1	0.2	0.5	1.0	2.0	5.0	10.0	∞
0.0	1.4500	1.3330	1.2555	1.1333	1.0595	1.0194	1.0028	1.0005	1.0000
0.1	1.4501	1.3331	1.2556	1.1335	1.0597	1.0198	1.0035	1.0015	1.0009
0.2	1.4519	1.3352	1.2579	1.1364	1.0637	1.0255	1.0107	1.0084	1.0070
0.5	1.5285	1.4163	1.3476	1.2307	1.1648	1.1263	1.1029	1.0967	1.0939
1.0	2.0335	1.9255	1.8526	1.7294	1.6380	1.5690	1.5225	1.5102	1.5045
2.0	3.7236	3.5660	3.4486	3.2262	3.0470	2.9090	2.8160	2.7913	2.7799
5.0	9.3815	8.8943	8.6025	8.0472	7.5991	7.2542	7.0216	6.9600	6.9315
10.0	18.5635	17.7886	17.2050	16.0944	15.1983	14.5083	14.0431	13.9199	13.8629

（2）与探针尖连成的直线平行的边界为导电边界

与探针排列方向垂直边界为导电边界时的修正因子 B_0 详细值见表 1-6 所示。

表 1-6　与探针排列方向垂直边界为导电边界时的修正因子 B_0

S/d ＼ B_0 ＼ L/S	0	0.1	0.2	0.5	1.0	2.0	5.0	10.0	∞
0.0	0.5500	0.6670	0.7445	0.8667	0.9405	0.9806	0.9972	0.9995	1.0000
0.1	0.5517	0.6687	0.7462	0.8683	0.9421	0.9820	0.9982	1.0003	1.0009
0.2	0.5620	0.6788	0.7560	0.8775	0.9502	0.9885	1.0033	1.0056	1.0070
0.5	0.6593	0.7714	0.8420	0.9573	1.0230	1.0665	1.0849	1.0910	1.0939
1.0	0.9754	1.0835	1.1563	1.2796	1.3709	1.4399	1.4860	1.4988	1.5040
2.0	1.8362	1.9938	2.1113	2.3336	2.5129	2.6508	2.7439	2.7685	2.7799
5.0	4.5815	4.9687	5.2605	5.8158	6.2638	6.6088	6.8413	6.9030	6.9315
10.0	9.1629	9.9373	10.5209	11.6315	12.5276	13.2176	13.6828	13.8060	13.8629

二、扩散薄层方块电阻的修正因子 C_0

1. 单面扩散薄层样品方块电阻的修正因子。如图 1-9、表 1-7 所示。

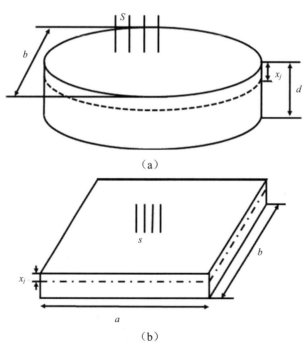

（a）

（b）

图 1-9　圆形和长方形单面扩散薄层样品示意图

表 1-7 单面扩散薄层样品方块电阻的修正因子 C_0

b/S	圆形	长方形			
		a/b=1	a/b=2	a/b=3	a/b≥4
1.0				0.9988	0.9994
1.25				1.2467	1.2248
1.5			1.4788	1.4893	1.4893
1.75			1.7196	1.7238	1.7238
2.0			1.9454	1.9475	1.9475
2.5			2.3532	2.3541	2.3541
3.0	2.2662	2.4575	2.7000	2.7005	2.7005
4.0	2.9289	3.1137	3.2246	3.2248	3.2248
5.0	3.3625	3.5098	3.5749	3.5750	3.5750
7.5	3.9273	4.0095	4.0361	4.0362	4.0362
10.0	4.1716	4.022 09	4.2357	4.2357	4.2357
15.0	4.3646	4.3882	4.3947	4.3947	4.3947
20.0	4.4364	4.4516	4.4553	4.4553	4.4553
40.0	5.5076	4.5120	4.5129	4.5129	4.5129
∞	4.5324	4.5324	4.5324	4.5324	4.5324

2．双面扩散薄层样品方块电阻的修正因子。如图 1-10、表 1-8 所示。

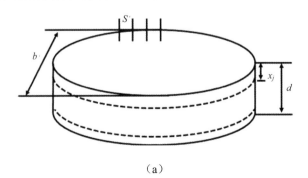

（a）

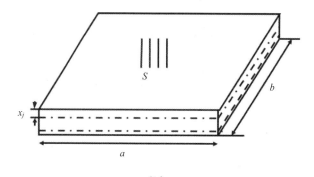

（b）

图 1-10　圆形和长方形双面扩散薄层样品示意图

表 1-8　双面扩散薄层样品方块电阻的修正因子 C_0

（b+d）/s	圆形	长方形			
		（a+d）/（b+d）=1	（a+d）/（b+d）=2	（a+d）/（b+d）=3	（a+d）/（b+d）ρ≥4
1.0				1.9976	1.9497
1.25				2.3745	2.3550
1.5			2.9575	2.7113	2.7010
1.75			3.1596	2.9953	2.9887
2.0			3.3381	3.2295	3.2248
2.5			3.6408	3.5778	3.5751
3.0	4.5324	4.9124	3.8543	3.8127	3.8109
4.0	4.5324	4.6477	4.1118	4.0899	4.0888
5.0	4.5324	4.5790	4.2504	4.2362	4.2356
7.5	4.5324	4.5415	4.4008	4.3946	4.3943
10.0	4.5324	4.5353	4.4571	4.4536	4.4535
15.0	4.5324	4.5329	4.4985	4.4969	4.4969
20.0	4.5324	4.5326	4.5132	4.5124	4.5124
40.0	4.5324	4.5325	4.5275	4.5273	4.5273
∞	4.5324	4.5324	4.5324	4.5324	4.5324

实验二 P-N 导电类型鉴别

半导体的导电类型的判断可以根据半导体材料的定位面来判断，但是，对于一些特殊的场所，必须采用仪器来判断半导体材料的导电类型。例如，对于台面器件的台面腐蚀，必须通过 P-N 导电类型的判断来确定是否已经达到要求的腐蚀深度。

P-N 导电类型鉴别主要采用热电动势法（也称冷热探针法）和整流法。

【实验目的】

1. 了解热电动势法（也称冷热探针法）和整流法的工作原理。
2. 分别采用热电动势法（也称冷热探针法）和整流法来判断硅片的导电类型。

【实验仪器】

P-N 导电类型鉴别仪。

【实验原理】

1. 热电动势法（TEM，也称冷热探针法）

假设一块长方形的半导体，两端与金属以欧姆接触相接，一端温度为 T，另一端温度为 $T+\Delta T$，在半导体内部形成均匀的温度梯度。设样品为均匀掺杂的 P 型材料，T 和 $T+\Delta T$ 附近载流子浓度随温度指数增大（即未达到饱和），低温附近的载流子浓度比高温端附近低，因此，空穴便从高温端向低温端扩散，即自右向左扩散，在低温端就积累了空穴，样品两端就形成空间电荷，半导体内部就形成了空间电场，方向自低温端指向高温端，如图 2-1 所示。在电场的作用下，空穴沿电场方向漂移，当空穴的漂移与扩散运动相平衡时达到稳定状态，这时半导体内部有一定的电场，两端形成一定的电势差。这个电势差就是由温度梯度引起的温差电势差 Θ_s。

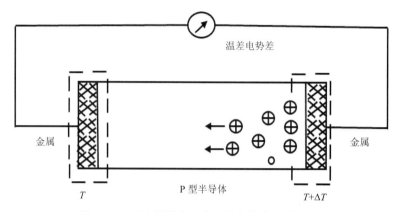

图 2-1　P 型半导体产生的温差电势差 Θ_s 的原理

在相同的条件下，P 型半导体的温差电势差的方向与 N 型的相反。因为，当温度增加时，载流子浓度和速度都增加，它们由热端扩散到冷端，如果载流子是空穴，则热端缺少空穴，冷端有过剩空穴，冷端电势高，形成了由冷端指向热端的电场；如果载流子是电子，则热端缺少电子，冷端有过剩电子，冷端电势低。所以，由半导体温差电势差的正负，可以判断半导体的导电类型。

图 2-2 是冷热探针法判断半导体的导电类型的原理示意图。

两只具有不同温度的金属探针（A 为热针，B 为冷针）同时压在硅样品上，在 A、B 两探针间就会有热电势产生。当样品为 N 型时，热探针相对于冷探针产生正电动势；当样品为 P 型时，则情况相反。因此，利用热电动势信号的极性就可以检查出样品的导电类型。

此信号是很微弱的（几毫伏左右），经过高阻直流放大电路放大后，使相应的"N"或"P"LED 符号指示灯点亮。（见图 2-2）

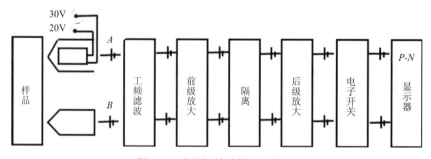

图 2-2　冷热探针法原理示意图

2．整流法（RM，三探针法）

当半导体的掺杂浓度低时，金属与半导体接触，会形成一个类似 P-N 结，具有整流作用的肖特基二极管。金属和 N 型半导体接触，形成一个金属指向 N 型半导体的肖特基二极管；相反，金属和 P 型半导体接触，形成一个 P 型半导体指向金属的肖特基二极管。金属探针与硅样品点接触会产生 P-N 结整流效应，这就是整流法判断导电类型的基本原理。通常采用三探针法，如图 2-3 所示。三根金属探针与硅样品形成整流接触，等效于 3 个二极管 D_1，D_2，D_3。在 1、2 探针之间（探针 2 接地）加以交流电压，在探针 3、2 之间测量电动势的极性。对于 N 型材料，V_{32} 具有正的直流分量；对于 P 型材料，V_{32} 具有负的直流分量，以此判断出样品的导电类型。

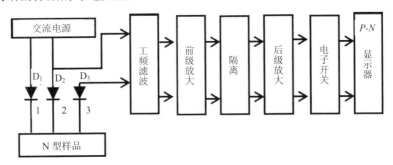

图 2-3　整流法原理示意图

【实验步骤】

1．打开主机电源开关，预热 30 分钟，方可进行测量。

2．被测量样品表面用金刚砂研磨或喷砂，并除去污染。

3．用整流法测试

（1）按下"整流法"选择键 RM，对应的 LED 亮；

（2）调节零电位器，使"P""N"显示器熄灭，调零指示表针指示在中间；

（3）将三探针轻压在样品被测面的表面上，然后从主机直接显示出测量结果。

4．用热电动势法测量

（1）按下"热电动势法"选择键 TEM，对应的 LED 亮；

（2）指示灯 Heating 亮，表示热针被加热。当 Heating 熄灭而 Heat con 发亮时，表示热针正被恒温；

（3）然后调节零电位器，使"P""N"显示器熄灭，调零指示表针指示在中间；

（4）将热、冷针同时压在被测样品表面上，然后从主机上直接显示测试结果。

【注意事项】

1. 在 RM 测试过程中，应保证三根探针与被测面接触，否则可能产生误判断。

2. 测试过程中应注意零点的调整，否则可能产生误判断。

实验三　椭圆偏振光谱法测量单晶硅的光学常数

椭圆偏振光（椭偏光）法是通过分析光在样品表面反射时偏振状态的变化研究材料的表面特征参数，它可以同时测量膜层的厚度和折射率。在半导体工艺过程中，用椭偏光法不仅可以测量半导体材料表面各种介质薄膜的厚度和折射率，还可以对材料的表面层和表面过程（如氧化、腐蚀、吸附、催化等）进行研究。

【实验目的】

1．掌握椭圆偏光法测量薄膜的厚度和折射率的原理。

2．学会使用椭圆偏振光谱仪分析单晶硅的折射率、消光系数与波长的关系。

【实验仪器】

椭圆偏振光谱仪

【实验原理】

普遍采用的椭圆偏振光法是用一定波长的消光法进行测量的。这种方法使偏振光投射在样品表面上，然后观测反射光偏振状态的变化，从而定出膜层的厚度、折射率和消化系数。具体原理如下。

光是一种电磁波，全面描述光波，除了波长、频率和传播方向外，还需要用振幅、相位和偏振方向。偏振方向分为 x 方向和 y 方向两个分量。光一般可分为自然光和偏振光，普通光源发出自然光，它们的电矢量方向均匀地分布在垂直于光传播方向的平面内，实际上自然光是由许多没有固定位相关系的偏振光组成的。

偏振光又分为线偏振光和椭圆偏振光。线偏振光中，电矢量限定在一定方向振动；椭圆偏振光中，电矢量有规律地改变方向，其尖端在垂直于光传播方向的平面上的投影为一椭圆。对于线偏振光，两分量的波是同位相（或相差180°）的；对于椭圆偏振光，两分量的波的位相不同，不等于0°或180°。除了波长、频率和传播方向外，描述光的偏振状态需要指出 x、y 两方向的振幅和位相。

偏振光在样品表面的反射如图 3-1 所示。光在两个分界面（空气与膜、膜与衬底）来回反射和折射，总发射光由多束光合成。这时 x、y 坐标系为 p、s 系，光波在入射面上的分量叫 p 波分量，垂直于入射面的分量叫 s 分量，两者的反射系数 r_p 和 r_s 由菲涅耳反射公式给出：

$$r_{1p} = \frac{n_2 \cos\varphi_1 - n_1 \cos\varphi_2}{n_2 \cos\varphi_1 + n_1 \cos\varphi_2} \tag{3-1}$$

$$r_{1s} = \frac{n_1 \cos\varphi_1 - n_2 \cos\varphi_2}{n_1 \cos\varphi_1 + n_2 \cos\varphi_2} \tag{3-2}$$

$$r_{2p} = \frac{n_3 \cos\varphi_2 - n_2 \cos\varphi_3}{n_3 \cos\varphi_2 + n_2 \cos\varphi_3} \tag{3-3}$$

$$r_{2s} = \frac{n_2 \cos\varphi_2 - n_3 \cos\varphi_3}{n_2 \cos\varphi_2 + n_3 \cos\varphi_3} \tag{3-4}$$

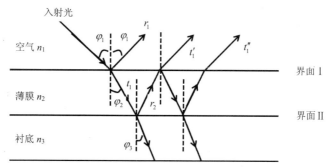

图 3-1　入射光在薄膜中传播的示意图

其中 n_1 为空气的折射率（$n_1=1.0$），n_2 为膜的折射率，n_3 为衬底复数折射率。φ_1 为入射角，φ_2 和 φ_3 是在膜和衬底中的折射角，它们之间有如下关系：

$$n_1 \sin\varphi_1 = n_2 \sin\varphi_2 = n_3 \sin\varphi_3 \tag{3-5}$$

根据多束光干涉公式，可求出总反射系数 R_p 和 R_s

$$R_p = \frac{r_{1p} + r_{2p}\exp(-2i\delta)}{1 + r_{1p}r_{2p}\exp(-2i\delta)} \tag{3-6}$$

$$R_s = \frac{r_{1s} + r_{2s}\exp(-2i\delta)}{1 + r_{1s}r_{2s}\exp(-2i\delta)} \tag{3-7}$$

其中，

$$\delta = \frac{2\pi}{\lambda} \times d \times n_2 \cos\varphi_2 = \frac{2\pi d}{\lambda}\sqrt{n_2^2 - n_1^2 \sin\varphi_1} \tag{3-8}$$

式中的 λ 是光在真空中的波长，d 是膜厚。

在椭偏光法中。一般采用 ψ 和 Δ 来描述反射时光偏振状态的变化，定义如下：

$$\tan\psi e^{i\Delta} = \frac{R_p}{R_s} \tag{3-9}$$

可分别写为

$$\tan\psi = \frac{\left(\dfrac{A_p}{A_s}\right)_r}{\left(\dfrac{A_p}{A_s}\right)_s} \tag{3-10}$$

$$\Delta = (\beta_p - \beta_s)_r - (\beta_p - \beta_s)_i \tag{3-11}$$

其中，A 和 β 分别为振幅和相位，下标 r 和 i 分别表示反射光和入射光。$\tan\psi$ 是相对振幅衰减，Δ 则是相位移动之差。

式（3-1）～（3-9）给出了偏振状态变化（ψ，Δ）与膜的厚度 d 和折射率 n 的关系，这一系列方程可用计算机求解，得到（ψ，Δ）～（d，n）数值表或曲线图。因此直接由实验结果求得 ψ、Δ 后，查表或图便可得到 n 和 d。

若膜的厚度足以完全吸收折射光的能量，使折射光在到达膜与衬底界面之前已经完全消失，则这时的反射光比较简单，不存在多束干涉效应。然而，经表面反射后，反射光中的 p 波和 s 波的振幅和位相将发生变化。根据（3-9）式，若入射角为 φ，膜的折射率 n 则为

$$n^2 = k^2 + \sin^2\varphi\left[1 + \frac{\tan^2\varphi\left(\cos^2 2\psi - \sin^2 2\psi \sin^2 2\Delta\right)}{(1 + \sin 2\psi \cos\Delta)}\right] \tag{3-12}$$

$$k = \frac{\sin^2\varphi \tan^2\varphi \sin 4\psi \sin\Delta}{2n(1 + \sin 2\psi \cos\Delta)} \tag{3-13}$$

这样，只要测出某一波长的 ψ 和 Δ，就可算出相应波长下的 n 和 k 值。值得注意的是，运用公式（3-12）、（3-13）计算 n 和 k 时，膜必须有足够的厚度方比较准确。

如果求出了膜的 n 和 k，则可根据下列公式求出其他光学常数：

$$\alpha = \frac{4\pi k}{\lambda} \tag{3-14}$$

$$\varepsilon_1 = n^2 - k^2 \tag{3-15}$$

$$\varepsilon_2 = 2nk \tag{3-16}$$

$$\varepsilon = \varepsilon_1 + \varepsilon_2 \tag{3-17}$$

$$R = \frac{(n-1)^2 + k^2}{(n+1)^2 + k^2} \tag{3-18}$$

获得椭偏参数 ψ 和 Δ 的方法有两种。一种是利用消光法求出 ψ 和 Δ，另一种是测量某一波长下经过检偏器后的光的最大强度 I_{max} 和最小强度 I_{min} 以及所对应的检偏器角度 θ_{max}、θ_{min}，再计算 ψ 和 Δ。这里我们采用第二种方法。

如图 3-2 所示的带有旋转检偏器的椭圆偏振光谱仪，单色仪射出的单色光，经凹面镜反射后，作为椭圆偏振仪的入射光源，起偏器方位角固定在 45°（从入射面算起），不用 1/4 波长片，检波器可从 0°至 360°转动，入射角 φ 保持在 70°，测量波长范围为 4000～7000A，入射狭缝和出射狭缝的宽度为 0.3 mm。

测量时光经样品反射后一般为椭圆偏振光，再经过检偏器强度为

$$I = I_0[1 + \cos 2x \cos(\theta - \alpha)] \tag{3-19}$$

其中 α 为椭圆方位角，x 为椭圆率，I_0 为平均光强。α 和 x 的定义范围为 $0° \leqslant \alpha < 180°$，$-45° \leqslant x \leqslant 45°$。

由（3-19）式得

$$\theta_{max} = \alpha \tag{3-20}$$

$$\theta_{min} = \alpha \pm 90° \tag{3-21}$$

$$\frac{I_{max} - I_{min}}{I_{max} + I_{min}} = \cos 2x \tag{3-22}$$

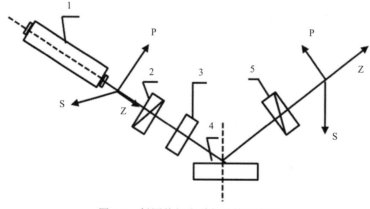

图 3-2　椭园偏振光谱仪结构示意图

由（3-20）～（3-22）式可得出 α 和 x 值。椭圆偏振参数 ψ、Δ 与 α、x 之间有如下关系：

$$\tan \Delta = \pm \frac{\tan 2x}{\sin 2\alpha} \tag{3-23}$$

$$\cos 2\psi = -\cos 2x \cos 2\alpha \tag{3-24}$$

由实验测得 I_{max}、I_{min}、θ_{max}、θ_{min} 后，可由式（3-20）～（3-22）求得 α、x，再代入式（3-23）、（3-24），可得到 ψ 和 Δ。

如果被测膜足够厚，可利用（3-12）、（3-13）式求出 n 和 k，否则，式（3-12）、（3-13）不能使用，n、k 和 ψ、Δ 之间也没有明显的解析公式，必须用计算机计算，根据公式可编出计算折射率 n 和厚度 d 的程序，对于特定的衬底材料与薄膜已有人算出结果，列成表或画成了曲线图，因此可以直接查表或图。

【实验步骤】

实验步骤以 TP-TPY-2 型自动椭圆偏振光谱仪为例。

1．开启主机电源，点亮氦氖激光器，预热 30 min。

2．将电控箱调节旋钮逆时针旋到头，联接好主机与电控箱间的各种数据线，开启电控箱电源，联接主机与计算机间的 USB 线。

3．装卡被测单晶硅片样品。

4．选定入射角 φ（如 70°），调节起偏机构悬臂和检偏机构悬臂，使经样品表面反射后激光束刚好通过检偏器入光口。

5．顺时针旋转电控箱调节旋钮，将读数调到 150 V 左右（视仪器情况而定）即可。

6．直接双击桌面的快捷方式，运行程序。

（1）点击"进入"按钮。

（2）点击"实验"，选择实验类型，点击"实验"填入相应参数，点击"确定"。

（3）点击"测量"，填入相应参数，点击"确定"。

（4）点击"测量"，开始实验。测量时实验框的左侧会显示出仪器测量过程的步骤提示，同时还能在右侧的坐标栏中看到扫描曲线。

（5）等待测量结束后，选择数据平均次数，点击"确定"。现在窗体会回到进入时的对话框，同时测量数据已自动填入参数栏内，点击"测量"旁的"计算"按钮，程序将自动计算出测量结果。

（6）点击"确定"，第一组数据测量完毕。

7．重新设定一个入射角 φ 后，重复第 6 步的过程。

8．两次测量完毕后，点击"折射率拟合"，在弹出对话框中选择拟合类型。点击"确定"，得到单晶硅折射率 n 和消光系数 k。

9．测试完毕，关闭软件及主机电源。

实验四　激光测定单晶硅的晶向

目前，半导体的研究和生产所用的材料仍以硅、锗及化合物半导体为主。它们的结构主要是金刚石，闪锌矿和纤锌矿结构。晶体的鲜明特点是各个方向性质不同，即具有各向异性的特点。在不同的晶轴方向，它们的物理性能，化学性能差别非常大。例如：晶面的法向生长速度、腐蚀速度、杂质的扩散速度、氧化速度以及晶面的解理特性等等，都由于晶体的取向不同而不同。况且在科研和生产中，由于我们制造的器件使用目的不同，往往也要求我们所用基片的半导体材料的晶向不同。所以我们需首先对晶轴进行定向。

测定晶体取向有解理法、X射线劳埃法、X射线衍射法和光学反射图象法等多种方法。其中光学反射图象法是目前生产中广泛使用的方法。这个方法较为简便，能直接进行观测，而且在测定低指数晶面时精确度相当好。

【实验目的】

1．了解光学反射图象法测定单晶晶面的原理。
2．掌握使用激光定向仪测定硅单晶的（111）、（100）晶面的定向技术。

【实验仪器】

激光定向仪。

【实验原理】

1．结晶面和结晶方向

晶体中原子是无限周期性排列的，因此任意一种平面都不止一个，而是有许多个相互平行的平面，称为晶面族。我们可以选择一个坐标系描写它：以已知晶体的空间格子中三个方向作为坐标轴，这三个轴之间的夹角可以是任意的，每个原子的坐标与坐标轴上的周期都成整数关系。对单晶硅而言，由于它属于立方晶系，所以可以取三个结晶轴互相垂直，三个轴上的单位周期也相等。一个平面的空间位置在结晶学上通常用密勒指数来描写，它定义为晶面与三个轴截距的倒数。若用（hkl）表示晶面，用｛hkl｝表示晶面族，h、k、l的倒数就是晶面族｛hkl｝中距原点最近的晶面在坐标轴上的截距，同族的其他晶面的截距为这组最小截距的整数倍。如我们常见的（111）面，就是指该平面与坐标系的三个轴（假设为 x，y，z 轴）的截距均为一个周期，所以截距的倒数为（111），如图 4-1 所示。若某一个平面在三个轴上的截距分别为 1、∞、∞，其倒数为 1、0、0，那么这个面就是（100）面（图 4-2）。同理，一个平面和 y 轴的截距为一个周期，而平行于 x 轴和 z 轴，则该晶面为（010）面，其他可以类推。

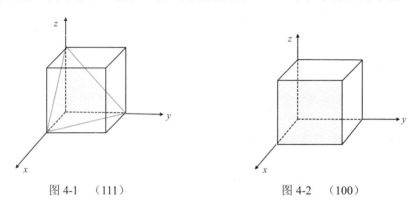

图 4-1　（111）　　　　　　　　　　图 4-2　（100）

2．从晶体外形确定晶向

由于硅、锗的金刚石结构以及 GaAs 的闪锌矿结构的特点，晶体在沿某一晶向生长时，单晶的外表将规律地分布着生长棱线。晶体表面的这些棱线都是由于晶体生长过程中，生长最慢的｛111｝晶面族中各晶面在交界处形成的。原子密度比较大的晶面，面上的原子间距较小，在面横切方向上原子间相互联合的键力较强，容易拉取介质中的原子沿横向生长。而晶面与晶面之间的距离较大，相互吸引较弱。因此介质中的原子在这样的面上生长新的晶面相对要困难。所以｛111｝晶面是生长速度最慢的原子密排面，晶体的棱边就是这些｛111｝晶面的交线。由上所述，我们很容易由晶体的外形判定它们的晶向。沿（111）方向生长的硅单晶锭有六个或三个对称分布的棱线，沿（100）方向生长的硅单晶锭有四个对称分布的棱线，（110）方向生长的硅单晶锭则有四个不对称分布的棱线。

3．光学定向

单晶表面经过适当的工艺处理，会出现许多腐蚀坑。这些腐蚀坑是由与晶格主要平面平行的小平面组成。它们是一些有特定晶向的晶面族，构成各具特殊对称性的腐蚀坑，这是晶体各向异性的结果。锗、硅晶的｛111｝晶面是原子密排面，也是解理面（或称劈裂面）。当用金刚砂研磨晶体时，其研磨表面将被破坏，出现许多由低指数晶面围成的小坑。这些小坑对于不同晶面具有不同的形状，可以利用这些小坑进行光学定向。但由于光的散射和吸收较严重，使得反射光像较弱，图像不清晰，分辨率低。为获得满意的效果，可在晶体研磨后进行适当腐蚀，使小坑加大。经过腐蚀处理的晶面，不但形状完整，且具有光泽。当一束细而强的平行光垂直入射到具有这种小坑的表面时，在光屏上就能得到相应的反射光像。因为激光束的直径约 1 毫米左右，而小坑的大小一般为微米量级，因而激光束可投射到众多小坑上。这个光像就是由众多小坑上相同取向的晶面反射的光线朝相同的方向汇聚在光屏上而成的光瓣。

对于（111）晶面，其沿<111>轴方向生长，生长面与其他三个{111}面组成一个正四面体，它们间夹角均为 70°22′。这三个斜{111}面在交会处产生三个间隔 120°的生长棱线。垂直晶轴切片，经研磨腐和腐蚀处理后，会出现许多如图 4-3（a）所示的三角坑，它实际上是由三个｛111｝晶面作为侧面的三角截顶锥形坑，其截顶面也是{111}面。当一束平行光束垂直入射至被测的｛111｝晶面上时，这三个侧面和截顶面将反射成如图 4-3（a）下所示的光像。

对于｛100｝晶面，其腐蚀坑形状如图 4-3（b）所示。它由四个｛111｝晶面所围成。四角截顶锥形坑，其截顶面是{100}晶面。其反射光图为对称的四叶花瓣。

对于｛110｝晶面，其腐蚀坑形状如图 4-3（c）所示。它有两个｛111｝晶面与<110>方向的夹角为 5°44′，它们是光象的主要反射面；另有两个｛111｝晶面族与<110>方向平行或与（110）面垂直。当一束平行光束垂直入射到被测的｛110｝晶面上时，一般情况形成由主反射面反射的光象，近似为一直线。如果样品做得好，入射光又足够强。则可能得到如图 4-3（c）下所示的光象。

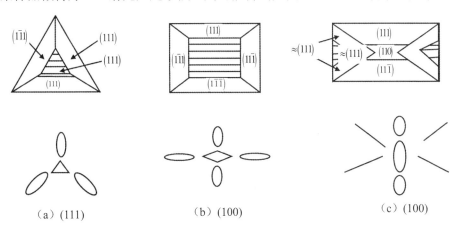

（a）(111)　　　（b）(100)　　　（c）(100)

图 4-3　低指数晶面腐蚀坑及其对应光像图

实际上，光像图的对称性反映了晶体的对称性。光像图的中心光斑是由特征蚀坑的底面反射光束形成的，这底面又与相应的低指数晶面一致。因而使光束与相应的低指数晶面垂直，那么样品晶轴与入射光平行。我们立即可以用光像图中的对称性直观地识别出晶向。

在定向操作中，光图对称性可以通过光屏上使用的同心圆和极坐标来判断。如图4-4（a）、（b）所示。

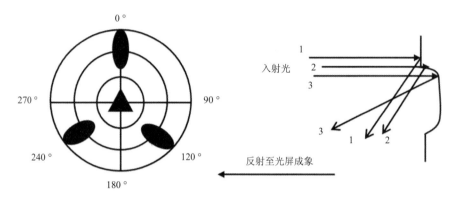

（a）极坐标光屏上正<111>晶向对应光像图　　　　（b）{111}腐蚀坑反射情况

图4-4　光图对称性

当将光像图调整到光瓣高度对称，也就是每一个光瓣都落在极坐标刻度线上，而且处于同心圆上时，这时光轴就给出相应的晶向。如果反射光图中几个光瓣不对称时（光瓣大小不同，光瓣之间的夹角偏离理论值），说明被测晶面与基准晶面（或晶轴）有偏离。适当调整定向仪夹具的各个方位调整机构（如俯仰角，水平角等），　直至获得对称分布的反射光图，使得基准晶面垂直于入射光轴，由此可以测出晶面与基准面的偏离。

定向夹具有六个可调方位，它们分为两类：一类是改变激光在晶体端面投射部位的，三维可调，它被用来调整被测晶轴与激光光轴之间的偏离角度；另一类是沿 X 导向、Y 导向和 Z 导向的平移，用来调整光屏与晶体端面的相对距离。

上面介绍的定向方法称为直接定向法，它有一定的局限性。对于偏离度大于 9°的待测表面和一些指数较高的晶面，如（331）等晶面难以直接定向。间接定向是在直接定向的基础上运用晶带理论来实现的。

在晶体中，如果若干个晶面族同时平行于某一根晶轴时，则前者总称为一个晶带，后者称为一个晶带轴。例如图4-5中的（001）、（113）、（112）、（111）、（221）、（331）、（110）等晶面都和[1$\bar{1}$0]晶轴平行。因此上述晶面构成一个以[1$\bar{1}$0]为晶带轴的晶带，它们相互间存在简单的几何关系。如果将一个晶面绕晶带轴转动某一角度就可以将一个已直接定好方向的低指数晶面的空间位置由同一晶带的另一个晶面所取代。确定后一个晶面的方法就是用间接定向法。例如，图 4-6 中的（111）、（001）、（110）三个晶面同属于以[110]为晶带轴的一个晶带，（111）与（110）的夹角为 35.26°，（111）与（001）的夹角为 54.74°。所以可以先用直接定向法使（111）晶面垂直与入射光轴，在光屏上得到三叶光图。然后使晶体绕光轴旋转，使三叶光图中的一个光瓣与极坐标的 00 度线重合，此时[110] 晶带轴处于水平位置，即与晶体夹具上的俯仰轴相平行。转动俯仰轴，前倾 35.26°，使（110）晶面垂直于光轴；若使晶体后仰 54.74°，即使（001）晶面垂直于光轴。这时垂直于光轴分别切割出的晶面即为（110）或（001）晶面。

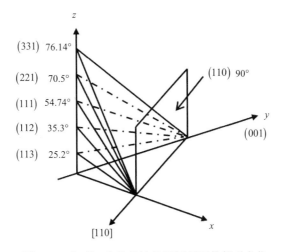

图 4-5　以[1$\bar{1}$0]为晶带轴的不同晶面的相对方位

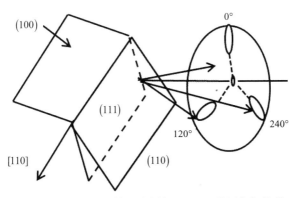

图 4-6　（111）晶面特征光图与（100）晶面方位关系

【实验步骤】

1. 打磨

将切好的样品的断面用 80#金刚砂湿磨后，使一个断面均匀打毛到用肉眼可见许多微小的解理坑，用水冲洗干净。

2. 腐蚀

对于（111）晶面的硅单晶用 5%的 NaOH 水溶液煮沸 7 min，并用水洗干净即可准备定向。对于（100）晶面的硅单晶，可采用同样的腐蚀液。实验发现硅单晶对于腐蚀液的浓度和时间的要求并不十分严格。

3. 光学定向

（1）打开激光定向仪电源，开启激光管，调节光屏，使激光束对准光屏上的透光小孔。

（2）将待测样品未打磨面与一载玻片紧密接触，利用熔融石蜡将样品和载玻片粘结在一起（注意不要使石蜡浸入样品和载玻片之间），再将载玻片无样品面与晶体夹具端面粘结在一起。

（3）调节晶体夹具底座的轴向水平移动，使晶体夹具朝向激光光轴来回移动，并使激光照射在没有样品和蜡的载波片表面部分。这时可以调节夹具的角度（水平角、俯仰角）或垂直升降，使载波片反射光中心点与透光孔重合。记下此时的各方位角 α_1、β_1。

（4）再调节晶体夹具底座的轴向水平移动，使激光照射在载波片上的样品部分，调节各方位角旋钮，使反射光图中腐蚀坑底的反射光中心点与光屏上的透光孔重合，此时的方位角定为 α_2、β_2。则 $\alpha_2-\alpha_1$、$\beta_2-\beta_1$ 即为某基准晶面轴向与晶体表面轴向（法向）的水平偏离度和垂直偏离度。（关于偏离度的定量关系，见附录）

（5）根据光图的分布可测定晶面。

4. 关闭激光管电源和总电源。

【数据处理与分析】

1. 标出反射光图与对应的腐蚀坑形状的关系，光图调整前后的变化。
2. 分析反射光图中的光瓣所对应的腐蚀坑部位。
3. 记录并标记偏离度。

【思考题】

1. 腐蚀时间过长或腐蚀时间过短时反射光图会出现什么情况？
2. 当调整确定出（111）面后，是否可定出｛111｝或｛112｝晶面？

【附录】

如何定量描述偏离度

所谓偏离度是指晶体表面轴向（法向）与某一基准晶面轴向偏离的度数。如果基准面是低指数面，且晶体表面与其偏离不大，则可用定向仪测出偏离度。因为定向仪夹具有两个可调角度的刻度盘，一是可水平旋转的刻度盘，一个是可垂直旋转的刻度盘。这两个刻度的度数变化就构成了晶向偏角 φ 的两个分量（假定为 α 和 β），如图4-7所示。

设一束平行光沿 Oz 方向入射到与其垂直的被测样品 KK 面上，如果表面是被抛光的镜面，反射线将沿表面法线反射到 xOy 平面上的 O 点。如果表面是经金相腐蚀过的，则表面将产生金相的光像小坑，小坑底的晶面就是与基准晶面接近的晶面。假如基准晶面与晶体表面有一定偏离，这时光象小坑底的反射线不是投射到 O 点，而是沿 BA 方向投射到 xOy 平面(光屏)的 A 点，而 $\angle ABO=\psi$，即为晶向偏离度，φ 在水平和垂直方向上的偏角分别为 α 和 β，则根据图 4-7 可导出如下公式：$\cos \Psi=\cos \alpha \times \cos \beta$，这里的 α、β 即为上面所说的 $\alpha_2-\alpha_1$、$\beta_2-\beta_1$。

由上式可知，可以调节水平角和垂直角使 α 和 β 为零。则 ψ 也等于零。这时光像中心恰与 O 点（光孔）重合，也就是说，基准晶面法线与入射光束平行了。这时光像应具有高度的对称性。

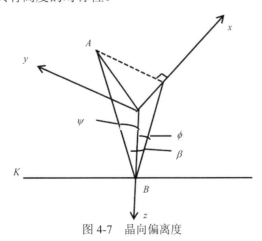

图 4-7　晶向偏离度

实验五　用光电导衰退法测量硅单晶中少数载流子寿命

半导体中少数载流子的寿命对双极型器件的电流增益、正向压降和开关速度等起着决定性作用。半导体太阳能电池的换能效率、半导体探测器的探测率和发光二极管的发光效率也和载流子的寿命有关。因此，半导体中少数载流子寿命的测量一直受到广泛的重视。

测量少数载流子寿命的方法很多，分别属于瞬态法和稳态法两大类。瞬态法是由测量半导体样品从非平衡态向平衡态过渡过程的快慢来确定载流子寿命。例如：对均匀半导体材料有光电导衰退法、双脉冲法和相移法，对P-N结二极管有反向恢复时间法、开路电压衰退法。稳态法是由测量半导体处在稳定的非平衡时的某些物理量来求得载流子的寿命。例如：扩散长度法、稳态光电导法、光磁效应法、表面光电压法等。近年来，许多文章介绍扫描电镜测量半导体的少数载流子扩散长度。在硅单晶的检验和器件工艺监测中应用最广泛的是光电导衰退法和表面光电压法，这两种测试方法已经被列入美国材料测试学会（ASTM）的标准方法。

光电导衰退法有直流光电导衰退法、高频光电导衰退法和微波光电导衰退法。其差别主要在于用直流、高频电流还是微波来提供检测样品中非平衡载流子的衰退过程的手段。直流法是标准方法，高频法在硅单晶质量检验中使用十分方便，而微波法则可以用于器件工艺线上测试晶片的工艺质量。

【实验目的】

1. 理解高频光电导衰退法测量硅单晶中少数载流子寿命的原理。
2. 学会利用高频光电导少数载流子寿命测试仪测量单晶硅的少数载流子寿命。

【实验仪器】

LT-1 高频光电导少数载流子寿命测试仪。

【实验原理】

1．非平衡少数载流子寿命

以光子能量略大于半导体禁带宽度的光照射样品，在样品中激发产生非平衡电子和空穴。若样品中没有明显的陷阱效应，那么非平衡电子和空穴浓度相等，他们的寿命也就相同。如果所采用的光在半导体中的吸收系数比较小，而且非平衡载流子在样品表面复合掉的部分可以忽略，那么光激发的非平衡载流子在样品内可以看成是均匀分布。设 $t=0$ 时停止照射，非平衡的电子和空穴将不断复合而逐渐减少。对于N型半导体中任意一点，非平衡载流子流过体内复合中心消失的复合率是 $-\mathrm{d}\Delta p/\mathrm{d}t$，它和非平衡载流子的浓度 Δp 成正比。即

$$-\frac{\mathrm{d}\Delta p}{\mathrm{d}t} = \beta\Delta p \tag{5-1}$$

在非平衡少数载流子浓度 Δp 比平衡载流子浓度 n_0 小得多时，（5-1）式中的 β 是一个常数。设 $t=0$ 时，$\Delta p=\Delta p(0)$，由式（5-1）可得

$$\Delta p = \Delta p(0)\exp(-\beta t) \tag{5-2}$$

非平衡少数载流子的平均存在时间就是少数载流子寿命：

$$\tau_p = \frac{\int_0^\infty t\mathrm{d}\Delta p}{\int_0^\infty \Delta p} \tag{5-3}$$

将式（5-2）代入式（5-3）中，得

$$\tau_p = \frac{1}{\beta} \tag{5-4}$$

因此，式（5-2）可以写成

$$\Delta p = \Delta p(0)\exp(-\frac{\tau}{\tau_p}) \tag{5-5}$$

式（5-5）表明，非平衡载流子浓度随时间 t 按指数方式衰减。衰减的快慢由寿命 τ_p 决定。τ_p 越大，非平衡载流子浓度衰减越慢。如果入射光的能量 $h\nu > E_g$，这样的光被半导体吸收之后，就会产生过剩载流子，引起载流子浓度的变化。因而电导率也就随之改变。对一块N型半导体来说，在无光照的情况下，即处于平衡状态。其电导率 $\sigma_p = |e|(n_0\mu_0 + p_0\mu_p)$，这时的电导率称为"暗电导率"。当有光照时，载流子的数目增加了，电导率也随之增加。增加量为

$$\Delta \sigma = |e|(\Delta n \mu_n + \Delta p \mu_p) \tag{5-6}$$

电导率的这个增加量称为"光电导率"。

光照停止后，过剩载流子不再产生，只有复合。由于过剩载流子逐渐减少，则光电导也就不断下降。这样，通过对光电导随时间变化的测量，就可以得到过剩载流子随时间变化的情况，也就可以求出寿命。光电导衰退法测量过剩载流子寿命，就是根据这个原理进行的。

2. 高频光电导衰退法

高频光电导衰退法是以直流光电导衰退法为基础的。图5-1是用直流光电导方法测量非平衡载流子寿命的示意图。光脉冲照射在样品的绝大部分上，在样品中产生非平衡载流子，使样品的电导发生改变。要测量的是在光照结束后，附加电导 ΔG 的衰减。利用一个直流电源和一个串联电阻 R_L，把一定的电压加在样品两端。如果样品是高阻材料，则选择串联电阻 R_L 的阻值比样品电阻 R 的小得多。当样品的电阻因光照而发生变化时，加在样品两端的电压基本不变。样品两端电压的相对变化为

$$\frac{\Delta V}{V} = \frac{R_L \Delta R}{R(R + R_L)} \approx \frac{R_L}{R} \cdot \frac{\Delta R}{R} \ll 1 \tag{5-7}$$

流过样品的电流的变化ΔI 近似地正比于样品电导的变化ΔG，

$$I = VG$$
$$\Delta I = V \Delta G \tag{5-8}$$

这个电流变化在串联电阻R_L 上引起电压的变化为

$$\Delta V_L = R_L \cdot \Delta I \tag{5-9}$$

所以有

$$\frac{\Delta V_L}{V_L} = \frac{R_L \Delta I}{R_L I} = \frac{\Delta G}{G} \propto \exp(-\frac{t}{\tau}) \tag{5-10}$$

串联电阻上的电压变化由示波器显示出来，如图5-2所示。根据光脉冲结束以后ΔL 随时间的衰减，可以直接测定寿命τ。

在高频光电导方法中采用高频电场替代了直流电场，电容耦合代替欧姆接触。因而不用切割样品，不破坏硅棒，测量过程简便。

如图5-3方框图所示，高频源提供高频电流来载波，频率为30MHz 的等频振荡的正弦波，其波形如图5-4所示。将此信号经电容耦合到硅棒，在硅棒中产生电流：

$$i_s = i_m e^{j\omega t} \tag{5-11}$$

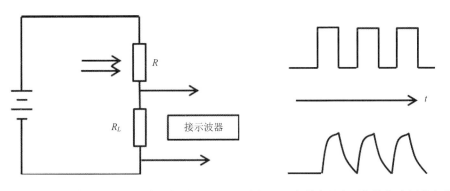

图 5-1　直流光电导方法示意图　　　图 5-2　串联电阻电压与输入电压的变化

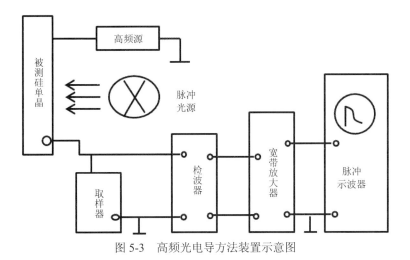

图 5-3　高频光电导方法装置示意图

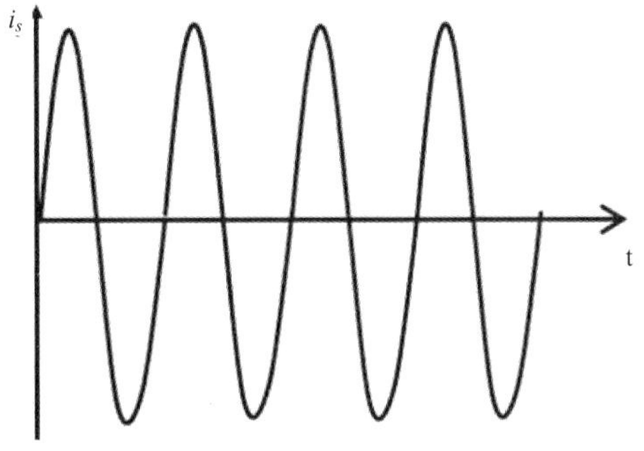

图 5-4　高频源的输出电流

当脉冲光照射到硅棒上时，将在其中产生非平衡载流子，使样品产生附加光电导，样品电阻下降。由于高频源为恒压输出，所以光照停止后，样品中的电流亦随时间指数式地衰减：

$$i_s = i_m e^{j\omega t} + \Delta i_0 e^{-t/\tau} \qquad (5\text{-}12)$$

电流的波形为调幅波，如图5-5所示。在取样器上产生的电压亦按同样规律变化。此调幅高频信号经检波器解调和高频滤波，在经宽频放大器放大后，输入到脉冲示波器。在示波屏上就显示出一条指数衰减曲线，衰减的时间常数 τ 就是预测的寿命值。

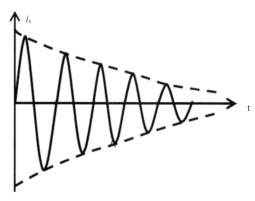

图 5-5　样品中的电流

测量中值得注意的问题如下。

1. 由于寿命一般是随注入比增大而增大，尤其是高阻样品。因此寿命测量数据只有在同一注入比下才有意义。一般控制在"注入比"≤1%，近似按下式计算注入比：

$$\text{注入比} = \frac{\dfrac{\Delta V}{k}}{V}$$

上式中，ΔV 为示波器上测出的信号电压值；k 是前置放大器的放大倍数；V 是检波器后面的电压表指示值。

2. 非平衡载流子除了在体内进行复合以外，在表面也有一定的复合率。表面复合几率的大小与样品表面所处的状态有着密切的关系。因此在测量寿命的过程中，必须考虑表面复合结构的影响。我们讨论一种理论上最简单、实验上又最重要的情况——各个表面的表面复合速度 S 均相等，并且$S=\infty$。对于圆柱状样品，少数载流子表面复合率$1/\tau$为：

$$\frac{1}{\tau_s} = \pi^2 D \left(\frac{1}{A^2} + \frac{1}{4\Phi^2} \right) \tag{5-14}$$

其中 A 为样品厚度，Φ 为直径，D 为少数载流子的扩散系数。

少数载流子的有效衰退 τ_e 则由下式给出：

$$\frac{1}{\tau_e} = \frac{1}{\tau_b} + \frac{1}{\tau_s} \tag{5-15}$$

衰退曲线初始部分的快衰退，常常是由表面复合所引起的。用硅滤光片把非贯穿光去掉，往往可以得到消除。

3. 在有非平衡载流子出现的情况下，半导体中的某些杂质能级所具有的电子数，也会发生变化。电子数的增加可以看作积累了电子；电子数的减少可以看作积累了空穴。他们积累数的多少，视杂质能级的情况而定。这种积累非平衡载流子的效应称为陷阱效应。他们所陷落的非平衡载流子常常是经过较长时间才能逐渐释放出来，因而造成了衰退曲线后半部分的衰退速率变慢。此时用底光灯照射样品，常常可以消除陷阱的影响，使曲线变得好一些。

【实验步骤】

1. 开机前检查电源开关是否处于关断状态

"0"处于低位，"1"在高位——关态。

2. 打开高频光电导少数载流子寿命测试仪电源开关

即将电源开关"1"按下，此时"1"处于低位，"0"在高位。开关指示灯亮。先在电极尖端点上两滴自来水，后将单晶放在电极上准备测量。

3. 开启脉冲光源开关

光脉冲发生器为双电源供电，先按下光源开关"1"，此时"1"在低位，"0"在高位，寿命仪内脉冲发生器开始工作。再顺时针方向拧响带开关电位器（光强调节），此时光强指示数字表在延时十秒左右（储能电容完成充电）数值上升。

测量数千欧姆·厘米的高阻单晶时，光强电压只要用到 2～5 V 左右；测量数十欧姆·厘米的单晶可将电压加到 5～10 V 左右；测量几欧姆·厘米的单晶可将电压加到 10～15 V 左右。光强调节电位器顺时针方向旋转，脉冲光源工作电压升高，光强增强，最高不超过 16 V，此时流经发光管的电流高达 16 A，因此尽量不要在此条件下长期工作。

4. 将样片放在样品架上

将测试样品放置到耦合电极板上，对于低阻被测样品，为降低样品与电极的接触噪声，应在样品与电极接触处涂以自来水，注意切勿涂到光照面上。

5．读取数值

调节同步示波器的 y 轴衰减以及扫描速率使仪器输出的波形与屏幕上的标准曲线尽量吻合。此时即可根据时标打点数读出该样品的寿命值。我们往往要去掉曲线头部（高次模部分），从峰值的 80%至 40%开始观测光电导电压衰减 $1/e$ 所需要的时间，如图 5-6 所示，在曲线指数变化区域内任意选择一起始电压 V_1，其对应时间为 t_1，然后找到电压变化为 V_1/e 对应的时间 t_2，则 $\tau=t_2-t_1$。

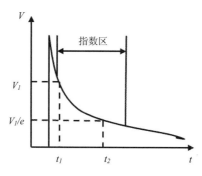

图 5-6　电压指数衰减示意图

6．更换样品，重复 4～5 步骤。

【注意事项】

1．光强调节开关开启后，红外发光管已通入很大的脉冲电流，此时切勿再关或开光源开关，以免损坏昂贵的发光管。

2．光强调节电位器逆时针旋转到关断状态（会听到响声）再关或开光源开关。

3．补充两个金属电极尖端的水滴时，注意水滴不要流入出光孔。

4．长期使用后，铍青铜会氧化变黑，此时如加水也不能改善信号波形，请用金属砂纸（或细砂纸）打磨发黑部分，并将擦下的黑灰用酒精棉签擦净。

实验六　变温霍尔效应测量半导体电学特性

霍尔效应的测量是研究半导体性质的重要实验方法。利用霍尔系数和电导率的联合测量，可以用来确定半导体的导电类型和载流子浓度。通过测量霍尔系数与电导率随温度的变化，可以确定半导体的禁带宽度、杂质电离能及迁移率的温度系数等基本参数。本实验通过对霍尔样品在弱场条件下进行变温霍尔系数和电导率的测量，来确定半导体材料的各种性质。

【实验目的】

1．了解半导体中霍尔效应的产生机制。

2．通过实验数据测量和处理，判别半导体的导电类型，计算室温下样品的霍尔系数、电导率、迁移率和载流子浓度。

3．掌握变温条件下霍尔系数和电阻率的测量方法，了解两者随温度变化的规律。

【实验仪器】

本实验采用 CVM200 变温霍尔效应测试系统来完成，本仪器系统由可换向永磁体、CME12H 变温恒温器、TC202 控温仪、CVM-200 霍尔效应仪等组成。

本系统自带两块样品，样品一是美国 Lakeshore 公司 HGT-2100 高灵敏度霍尔片，厚度为 0.18 mm，最大工作电流≤10 mA，室温下的灵敏度为 55～140 mV/kG；样品二为锑化铟，厚度为 1.11 mm，最大电流为 60 mA，其在低温下是典型的 P 型半导体，而在室温下又是典型的 N 型半导体，相应的测试磁场并不高，但霍尔电压高，降低了对系统仪表灵敏度、磁铁磁场的要求。

【实验原理】

1．霍尔效应和霍尔系数

霍尔效应是一种电流磁效应（如图 6-1）。当半导体样品通以电流 I_s，并加一垂直于电流的磁场 B，则在样品两侧产生一横向电势差 U_H，这种现象称为"霍尔效应"，U_H 称为霍尔电压。

$$U_H = \frac{R_H I_s B}{d} \tag{6-1}$$

则

$$R_H = \frac{U_H d}{I_s B} \tag{6-2}$$

R_H 叫做霍尔系数，d 为样品厚度。

对于 P 型半导体样品，

$$R_H = \frac{1}{qp} \tag{6-3}$$

式中，q 为空穴电荷电量，p 为半导体载流子空穴浓度。

对于 N 型半导体样品，

$$R_H = -\frac{1}{qn} \tag{6-4}$$

式中，为 n 电子电荷电量。

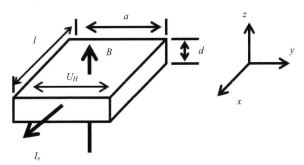

图 6-1 霍尔效应示意图

考虑到载流子速度的统计分布以及载流子在运动中受到散射等因素的影响。在霍尔系数的表达式中还应引入霍尔因子 A，则（6-3）（6-4）式修正为

P 型半导体样品：$R_H = \dfrac{A}{qp}$ \qquad (6-5)

N 型半导体样品：$R_H = -\dfrac{A}{qn}$ \qquad (6-6)

A 的大小与散射机理及能带结构有关。在弱磁场（一般为 200 mT）条件下，对球形等能面的非简并半导体，在较高温度（晶格散射起主要作用）情况下，$A=1.18$，在较低的温度（电离杂质散射起主要作用）情况下，$A=1.93$，对于高载流子浓度的简并半导体以及强磁场条件 $A=1$。

对于电子、空穴混合导电的情况，在计算 R_H 时应同时考虑两种载流子在磁场偏转下偏转的效果。对于球形等能面的半导体材料，可以证明：

$$R_H = \frac{A(p - nb^2)}{q(p + nb)^2} \qquad (6\text{-}7)$$

式中，$b = \mu_n / \mu_p$，μ_p、μ_n 分别为电子和空穴的迁移率，A 为霍尔因子，A 的大小与散射机理及能带结构有关。

从霍尔系数的表达式可以看出：由 R_H 的符号可以判断载流子的类型，正为 P 型，负为 N 型。由 R_H 的大小可确定载流子浓度，还可以结合测得的电导率算出如下的霍尔迁移率 μ_H:

$$\mu_H = |R_H| \sigma \qquad (6\text{-}8)$$

对于 P 型半导体 $\mu_H = \mu_p$，对于 N 型半导体 $\mu_H = \mu_n$。

霍尔系数 R_H 可以在实验中测量出来，表达式为

$$R_H = \frac{U_H d}{I_s B} \qquad (6\text{-}9)$$

式中，U_H、I_s、d 和 B 分别为霍尔电势、样品电流、样品厚度和磁感应强度。单位分别为伏特（V）、安培（A），米（m）和特斯拉（T）。但为与文献数据相对应，一般所取单位为 U_H 伏（V）、I_s 毫安（mA）、d 厘米（cm）、B 高斯（Gs）、则霍尔系数 R_H 的单位为厘米 ^{3}/库仑（cm^3/C）。

但实际测量时，往往伴随着各种热磁效应所产生的电位叠加在测量值 U_H 上，引起测量误差。为了消除热磁效应带来的测量误差，可采用改变流过样品的电流方向及磁场方向予以消除。

2．霍尔系数与温度的关系

R_H 与载流子浓度之间有反比关系，当温度不变时，载流子浓度不变，R_H 不变，而当温度改变时，载流子浓度发生变化，R_H 也随之变化。

实验可得 $|R_H|$ 随温度 T 变化的曲线。

3．半导体电导率

在半导体中若有两种载流子同时存在，其电导率 σ 为

$$\sigma = qp\mu_p + qn\mu_n \qquad (6\text{-}10)$$

实验中电导率 σ 可由下式计算出：

$$\sigma = \frac{I}{\rho} = \frac{Il}{U_\sigma a d} \qquad (6\text{-}11)$$

式中为 ρ 电阻率，I 为流过样品的电流，U_σ、l 分别为两测量点间的电压降和长度，a 为样品宽度，d 为样品厚度。

【实验步骤】

（一）常温下测量霍尔系数 R_H 和电导率 σ

1. 打开电脑、霍尔效应实验仪（Ⅰ）及磁场测量和控制系统（Ⅱ）电源开关。（以下简称Ⅰ或Ⅱ）（如Ⅱ电流有输出，则按一下Ⅰ复位开关，电流输出为零。）

2. 将霍尔效应实验仪Ⅰ，<样品电流方式>拨至"自动"，<测量方式>拨至"动态"，将Ⅱ〈换向转换开关〉拨至"自动"。按一下Ⅰ复位开关，电流有输出，调节Ⅱ电位器，使电流为一定电流值，同时测量磁场强度。（亦可将Ⅱ开关拨至手动，调节电流将磁场固定在一定值，一般为 200 mT 即 2000 GS）。

3. 将测量样品杆放入电磁铁磁场中（对好位置）。

4. 进入数据采集状态，选择电压曲线。如没有进入数据采集状态，则按一下Ⅰ复位开关后进入数据采集状态。记录磁场电流正反向的霍尔电压 V3，V4，V5，V6。可在数据窗口得到具体数值。

5. 将 I<测量选择>拨至 σ，记录电流正反向的电压 V1，V2。

6. 按讲义计算霍尔系数 R_H，电导率 σ 等数据。

（二）变温测量霍尔系数 R_H 和电导率 σ

将 I<测量选择>拨至"R_H"，将〈温度设定〉调至最小（往左旋到底，加热指示灯不亮）

1. 将测量样品杆放入杜瓦杯中冷却至液氮温度。
2. 将测量样品杆放入电磁铁磁场中（对好位置）。
3. 重新进入数据采集状态。（电压曲线）
4. 系统自动记录随温度变化的霍尔电压，并自动进行电流和磁场换向。到了接近室温时调节〈温度设定〉至最大（向右旋到底）。也可一开始就加热测量。
5. 到加热指示灯灭，退出数据采集状态。保存霍尔系数 RH 文件。
6. 将 I<测量选择>拨至"σ"
7. 将测量样品杆放入杜瓦杯中冷却至液氮温度。
8. 将测量样品杆拿出杜瓦杯。
9. 重新进入数据采集状态。
10. 系统自动记录随温度变化的电压，到了接近室温时调节〈温度设定〉至最大。
11. 当温度基本不变，退出数据采集状态。保存电导率 σ 文件。

【数据记录与分析】

1. 数据分析

（1）霍尔系数和载流子浓度

霍尔电压的方向与电流方向、磁场方面和载流子类型有关。本系统所提供的样品二在室温下为 N 型载流子导电，在液氮温度下为 P 型载流子导电。请于实验前用指南针确定电磁铁极性与电流方向的关系，判断载流子类型。

进行霍尔测量时，由于存在热电势、电阻压降等许多副效应，这些副效应多数有自己的特定方向，与电流无关，故要在不同电流方向和磁场方面下进行四次霍尔电压测量，得到四个值：V_{H1}，V_{H2}，V_{H3}，V_{H4}。最后，霍尔电压：

$$|V_H| = \frac{1}{4}(|V_{H1}| + |V_{H2}| + |V_{H3}| + |V_{H4}|) \tag{6-12}$$

代入（6-9）式即可求出霍尔系数。

对于单一载流子导电的情况，载流子浓度为

$$n = \frac{10^{19}}{1.6R_H} \quad (\text{m}^{-3}) \tag{6-13}$$

（2）电阻率

标准样品的电阻率：

$$\rho = \frac{daV_\sigma}{IL} \quad (\Omega \cdot \text{m}) \tag{6-14}$$

其中，V_σ 为电导电压（正反向电流后测得的平均值），单位为伏特；d 是样品厚度，单位为米；a 是样品宽度，单位为米；L 是样品电位引线 N 和 C 之间的距离，单位为米；I 是通过样品的电流，单位为安培。

对范德堡样品：

$$\rho = \frac{\pi d}{2f \ln 2}(R_{mp.on} + R_{mn.op})$$
$$= \frac{\pi d}{4If \ln 2}(|V_{M1}| + |V_{M2}| + |V_{N1}| + |V_{N2}|) \tag{6-15}$$

其中，I 为通过样品的电流（假设在测量过程中使用了同样的样品电流），f 为形状因子，对对称的样品引线分布，$f \approx 1$。

（3）霍尔迁移率

霍尔迁移率：

$$\mu = \frac{R_H}{\rho} \tag{6-16}$$

对于混合导电的情况，按照上式计算出来的结果无明确的物理意义。它们既不代表电子的迁移率，也不代表空穴的迁移率。

2. 数据记录

（测一组室温数据，在液氮温度下，间隔 10K 变温测量，再记录 6 组数据，记录表格如表 6-1。）

表 6-1　数据记录表

次数 样品	1	2	3	4	5	6	室温
样一							
样二							

3. 数据处理

1. 计算出室温下两样品的霍尔系数、载流子浓度、电阻率、霍尔迁移率。

2. 计算出变温条件下两样品的电阻率，以温度为横坐标，电阻率为纵坐标，在坐标纸上做 ρ-T 关系曲线。

【注意事项】

（1）请戴手套取液氮，防止冻伤。

（2）实验完毕后，一定请将中心杆旋松，防止由于热膨胀系数不同，卡住聚四氟乙烯绝热塞，损坏恒温器。

【思考题】

（1）如何从电场、磁场、霍尔电压的方向来判定半导体的导电类型？

（2）测量样品霍尔系数时，怎样才能消除负效应？

实验七　荧光分光光度计测量半导体材料的光学特性

光致发光（photoluminescence，PL）是用光激发发光体引起的发光现象，大致经过吸收、能量传递及发光三个阶段。光致发光光谱是一种分析材料电子结构和发光特性的方法，可应用于半导体材料的带隙检测、杂质和缺陷能级分析等。

本实验采用荧光分光光度计测量半导体材料的室温光致激发谱和发射谱。通过本实验的学习，加深对半导体的光吸收与发光特性的理解，掌握常用半导体材料光学特性的测试方法。

【实验目的】

1．理解半导体材料光致发光的基本原理和过程。
2．掌握利用分光光度计测量半导体材料光学特性的方法。

【实验仪器】

光致发光谱的测量可用荧光分光光度计来完成，该仪器由激发光源、样品池、单色器以及检测器等主要部件构成，其工作原理如图7-1所示。由光源发射的光经激发单色器后得到所需波长的激发光，入射到样品池后，一部分光被样品吸收，发射荧光。发射光经发光单色器后入射到检测器上，得到相应的信号。为了消除入射和散射光的影响，荧光的测量通常在与激发光呈直角的方向上进行。

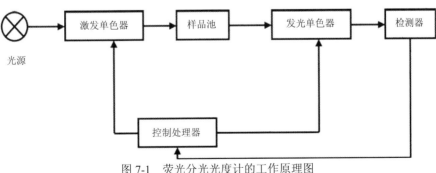

图 7-1　荧光分光光度计的工作原理图

本实验测试设备为日立F7000荧光分光光度计，该设备有多种样品夹具，可用于粉体、薄膜及液体等多种形态材料的光致发光特性测量。光源为高压氙灯，测试精度为0.1 nm，测量光谱范围为200～900 nm。

【实验原理】

当光通过半导体时，光波的电磁场将与半导体中的电子相互作用，在这个作用过程中光波将消耗部分能量，这些能量为半导体本身吸收，转变为电子的动能或晶格振动的热能等其他形式的能量。半导体中有效的吸收机构有本征吸收、激子吸收、自由载流子吸收、杂质吸收和晶格吸收等。其中，本征吸收是对应价带中的电子吸收一个足够能量的光子而跃迁到导带的过程，如图7-2所示。本征吸收过程与半导体的能带结构直接相关，而与所含的杂质、缺陷无关。

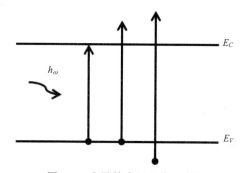

图 7-2 半导体本征吸收示意图

显然，要发生本征吸收，光子的能量必须满足：

$$\hbar\omega \geqslant E_g = \hbar\omega_0 \tag{7-1}$$

等于E_g的光子能量是可能引起本征吸收的最低光子能量，称为本征吸收限。相应的波长λ_0为本征吸收边的长波边：

$$\lambda_0 = \frac{1.24}{E_g}(\mu m) \tag{7-2}$$

当光子能量小于E_g或波长大于λ_0时，半导体对光的吸收系数迅速下降，如图7-3所示。因此，通过测量半导体材料的光吸收特性（如紫外-可见透射谱、吸收谱及室温光致激发谱等），可以获得其本征吸收限，从而计算得到该半导体的禁带宽度E_g。

光发射是光吸收的逆过程。在光发射过程中，电子由高能态跃迁到低能态，同时以电磁波的形式释放多余的能量，即发射光子。在热平衡的半导体中，光发射和光吸收这两个过程保持平衡，因此探测不到发光现象。只有设法使半导体处于非平衡状态，存在过剩电子和空穴时，才能克服半导体中的再吸收，使实际上有光从半导体中发射出来。这就需要有激发能源。按照激发方式的不同，半导体发光可分为光致发光（用光激发）、阴极发光（用高能电子流激发）和场致发光（用外加电场激发）等。

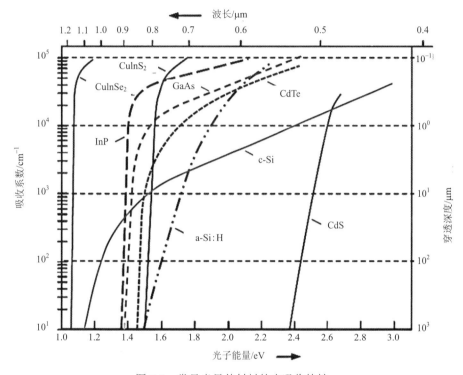

图 7-3　常见半导体材料的光吸收特性

当光照射到物体上时，样品中处于基态的电子吸收激发光子的能量，跃迁至激发态，处于激发态的电子在很短的时间（约10～8 s）内，首先以热的形式损失掉一部分能量，降至激发态的其他较低能级（无辐射跃迁），然后再从这些能级下降至基态能级，并将能量以光的形式释放出来。由于能量的差异，将有各种不同的发光。图7-4给出了半导体中与光发射相联系的电子跃迁过程示意图。从图7-4中可以看出，半导体材料的光发射特性与其能带结构密切相关，通过测量半导体材料的室温发射光谱，可以获得其禁带宽度及杂质和缺陷能级等信息。

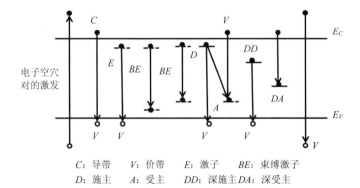

C：导带　　V：价带　　E：激子　　BE：束缚激子
D：施主　　A：受主　　DD：深施主　DA：深受主

图 7-4　半导体中与光发射相联系的电子跃迁过程示意图

任何荧光都具有两种特征光谱：激发光谱和发射光谱。它们是荧光定性分析的基础。

所谓激发光谱，是指改变激发波长，测量在最强荧光发射波长处的强度变化，以激发波长对荧光强度作图而得到的光谱，如图 7-5 所示。

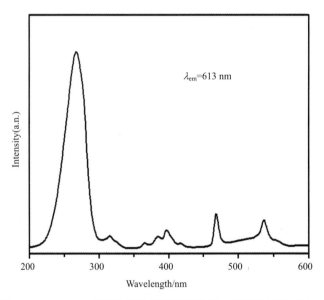

图 7-5　Gd_2O_3:Eu 荧光粉样品的室温激发谱，发射波长为 613 nm

激发光谱形状与吸收光谱形状完全相似，经校正后二者完全相同。这是因为半导体吸收光能的过程就是其激发的过程。激发光谱可用于鉴别荧光物质，直接获得半导体的本征吸收限；定量分析样品的发射特性时，用于参考选择最适宜的激发波长。

发射光谱即荧光光谱，当一定波长和强度的激发光照射半导体时，会产生不同波长和强度的荧光，以荧光强度对其波长作图可得到荧光发射光谱，如图7-6所示。由于不同物质具有不同的特征发射峰，因此荧光发射光谱可用于分析荧光物质。

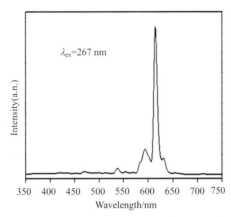

图 7-6　Gd_2O_3：Eu 荧光粉样品的室温发射谱，激发波长为 267 nm

【实验内容】

采用荧光分光光度计分别测量纯净 ZnO 和 ZnS 半导体粉末的室温激发谱和发射谱，分析其禁带宽度和缺陷能级。

【实验步骤】

1. 开机

（1）首先接通电脑及打印机电源，Win XP 操作界面开始建立。

（2）然后接通光度计左侧电源开关（POWER）约 5 秒钟后主机右上方绿色氙灯指示灯点亮，表示氙灯已经启辉工作，仪器自检开始。

（3）点击电脑屏幕上的 FL Solutions 荧光分析快捷方式，进入仪器操作界面，约 2 分钟后，仪器自检结束。

2. 放置样品

（1）旋开圆形粉末样品夹具，用药勺取一定量样品粉末放入夹具中，然后旋紧夹具。

（2）打开仪器样品池盖，将样品放入测量位置，注意样品面正对入射光。

（3）放入适当的发射滤波片，然后盖好样品池盖。

3．3D Scan（三维扫描）

说明：该功能的作用是，当某个样品不知最佳激发波长和最佳发射波长时，利用该功能可自动快速地给出最佳条件。并可供其他特殊分析用。

（1）点击快捷栏"Method" 后，立即显示了分析方法（Analysis Method）的五个重叠界面，分别为"常规"（**General**），"仪器条件"（**Instrument**），"模拟画面"（**Monitor**），"处理"（**Processing**），"报告"（**Report**）。

（2）在"常规"（**General**）中可以选择 Measurement （测量方式）：3D Scan 方式、Wavelength（波长扫描）等。

（3）Instrument（仪器条件）中，其他条件不变，

EM Start WL（发射起始波长）——输入范围 0nm，200 nm～850 nm，

EM end WL（发射终止波长）——输入范围 0nm，200 nm～900 nm。

（4）点击 Measurement，测量开始，获得三维扫描图像，中找到样品的激发峰与发射峰范围。

4．Excitation（激发波长扫描）

（1）General（常规）*Measurement（测量方式）——选择 Wavelength （波长扫描）。

（2）Scan mode（扫描方式）——Excitation （激发波长扫描）。

（3）Instrument（仪器条件）中，其他条件不变。

*EM WL（发射波长）——输入范围 0nm，200～900 nm，

*EX Start WL（激发起始波长）——输入范围 200～890 nm，

*EX End WL（激发终止波长）——输入范围 210～900 nm。

（4）Report（报告格式） 选择输出数据中的波长范围。

*EX Start WL（激发起始波长）——输入范围 200～890 nm，

*EX End WL（激发终止波长）——输入范围 210～900 nm。

（5）点击 Measurement，测量开始，获得样品激发光谱。

（6）点击 file – save as，文件存储为.txt 格式。

5．Emission（发射波长扫描）

（1）General（常规）*Measurement（测量方式）——选择 Wavelength（波长扫描）。

（2）Scan mode（扫描方式）——Emission（发射波长扫描）。

（3）Instrument（仪器条件）中，其他条件不变。

* EX WL（激发波长）——输入范围 0 nm，200～900 nm，

*EM Start WL（发射起始波长）——输入范围　200～890 nm，

*EM End WL（发射终止波长）——输入范围　210～900 nm。

（4）Report（报告格式）　选择输出数据中的波长范围。

*EM Start WL（发射起始波长）——输入范围　200～890 nm，

*EM End WL（发射终止波长）——输入范围　210～900 nm。

（5）点击 Measurement，测量开始，获得样品发射光谱。

（6）点击 file–save as，文件存储为.txt 格式。

6．打开样品池盖，取出发射滤波片，重新进行发射光谱测量

7．更换样品，重新进行上述测量

8．关机

（1）使用仪器操作软件退出操作系统并关闭氙灯；

（2）取出样品，放好各仪器配件；

（3）保持主机通电 10 分钟以上最后关闭主机电源开关。（目的是让灯室充分散热）

【注意事项】

日立 F7000 荧光分光光度计为精密光学设备,须严格按操作规程进行实验。未经老师允许，不得开启设备及触碰相关配件。

【思考题】

1．ZnO 与 ZnS 半导体中，哪个的禁带宽度较大，为什么？

2．以 ZnO 为例，化合物半导体中常有哪些本征缺陷，分别是施主还是受主缺陷？

实验八　电容-电压法测量 N/N$^+$外延层中杂质浓度

【实验目的】

1. 理解电容-电压法测量外延层杂质浓度的原理和方法。
2. 通过测量肖特基势垒二极管电容与反向电压的关系，测量硅或砷化镓 n/n$^+$外延层的杂质浓度随深度的分布。

【实验仪器】

超高频 Q 表，直流电源，电压表，电流表，蜂房式高频扼流圈（2.5 mH），滤波电容（0.15 和 0.01 μF）。

【实验原理】

目前国内广泛应用电容-电压法测量外延层的杂质浓度，主要是因为它比三探针优越。三探针法是基于反向击穿电压与杂质浓度的关系建立起来的，并且使用标准样品校正的方法。由于反向击穿电压的限制，它对薄片和高阻外延层不适用。而电容-电压法可以测量薄层（2～10 μm）与杂质浓度较低的（10^{12}～10^{14} cm^{-3}）外延层。目前砷化镓外延层很薄，用此法可以满足工作的要求，并且它可以测出外延层中杂质的纵向分布，对检查外延片质量及设计器件有重要的意义。以下我们就来看此方法的基本原则。

具有单向导电性的金属-半导体接触，称为肖特基势垒二极管，简称 SBD，SBD 的结构和 P-N 结是相似的。P-N 结中所形成的空间电荷区和自建电场，是因为 P 型和 N 型半导体的电子费米能级原来高低不同，相互是不平衡的。形成 SBD 的金属和半导体，一般功函数也不同，所以也是互相不平衡的。因此同样也要发生电荷的流动，形成空间电荷区、自建场和势垒，最后是费米能级在各处达到同一水平。

金属和 N 型半导体的 SBD 的空间电荷区很像一个 P$^+$N 的单边突变结。金属一边空间电荷区很窄，是因为载流子浓度很高，相当于很高的掺杂浓度。空间电荷的宽度几乎全在半导体一边，其中正的空间电荷由电离施主构成，此空间电荷区称为耗尽层，耗尽层的宽度取决于半导体的杂质浓度。耗尽层的厚度随外加电压的变化直接反映着耗尽层具有一定的电容。耗尽层的两个界面可以看作平行板电容器的两个极板，其电容值可由下述关系表示：

$$C = \frac{\varepsilon\varepsilon_0}{W}A \tag{8-1}$$

式中，W 为耗尽层宽度；ε 为硅的介电常数；ε_0 为真空电容率；A 为结面积。

假如半导体内杂质浓度是均匀的，则在耗尽层的区域内，泊松方程的解给出了如下的结论

$$C = A\sqrt{\frac{q\varepsilon\varepsilon_0 N_D}{2(V_i + V)}} \tag{8-2}$$

式中，C 为结电容；A 为结面积；q 为电子电荷；ε为半导体材料的介电常数；ε_0 为真空电容率；N_D 为 N 型半导体外延层施主浓度；V_I 为自建电压；V 为外加反向偏压的数值。

由（8-2）式得

$$V + V_i = \frac{A^2 q\varepsilon\varepsilon_0 N_D}{2}\frac{1}{C^2} \tag{8-3}$$

当反向偏压增加时，电容减小，所以

$$\frac{\Delta V}{\Delta C} = \frac{A^2 q\varepsilon\varepsilon_0 N_D}{C^3} \tag{8-4}$$

$$N_D = \frac{C^3}{A^2 q\varepsilon\varepsilon_0}\frac{\Delta V}{\Delta C} \tag{8-5}$$

因为结面积为圆形，所以：$A^2 = (\pi\frac{d^2}{4})^2 = \frac{\pi^2 d^4}{16}$，代入（8-5）式得

$$N_D = \frac{1}{\frac{\pi^2}{16}\varepsilon\varepsilon_0 q}\frac{C^3}{d^4}\frac{\Delta V}{\Delta C} \tag{8-6}$$

$q=1.6\times10^{-19}$[库仑]，硅的介电常数$\varepsilon=11.75$，$\varepsilon_0=8.854\times10^{14}$ F/cm。把有关常数代入（8-6）式得

$$\text{Si: } N_D(W) = 0.9744\times10^{11}\frac{C^3}{d^4}\frac{\Delta V}{\Delta C} \tag{8-7}$$

$$\text{GaAs: } N_D(W) = 1.03\times10^{11}\frac{C^3}{d^4}\frac{\Delta V}{\Delta C} \tag{8-8}$$

（8-7）式和（8-8）式为实际应用的公式，单位为：ΔV——V；C，ΔC——μF；

$N_D(W)$——cm^{-3}

由（8-1）式求出外延层深度 W

$$Si：W = 81.7d^2 / C \ [\mu m] \tag{8-9}$$

$$GaAs：W = 81.2d^2 / C \ [\mu m] \tag{8-10}$$

（8-9）和（8-10）式中的 C 的单位为 pF；d 是直径单位是 mm。

通过（8-7）、（8-8）、（8-9）和（8-10）式可以计算外延层的杂质浓度及外延层深度。

【实验步骤】

1．SBD 的制作

将外延片平放，用细牙签蘸取少量金液，轻轻滴在外延片上，一个外延片上滴三四滴。注意金点不能过大，直径在 0.6～1.0 mm。对高浓度外延片金点要小一些，低浓度可以稍大一些。然后用红外灯烤干。这时在外延片上形成金色的金点，这就是形成 SBD 肖特基二极管。

点金液的配方：Au：HCl：HF=1 g：10 ml：10 ml。

2．欧姆接触的制备

在测量时要求外延片的背面形成良好的欧姆接触，一般在背面涂上镓锡合金就可以满足测量要求。（镓、铟、锡的配方比为：Ga：In：Sn==1：0.8：1，称好放入玻璃杯中在 80 ℃烘箱中烘干 2 h 即可。）

3．测量线路

图 8-1 给出了确定结电容的线路示意图。使用一台超高频 Q 表来测量结电容，用可调直流电源来向 SBD 上加反向偏压，电压的大小由伏特计读出。电容 C_1 是起隔直流作用，使直流部分与 Q 表的交流信号分开。电感 L，我们采用的是 2.5 mH（毫亨）蜂房式高频扼流圈，它主要是阻止高频信号到直流部分，使高频信号截止，使 Q 表产生的交流信号无损耗地加到 SBD 上。C_2 是滤波电容，使很小的交流漏电滤掉。从无线电谐振电路原理得到由电感、电容串联的电路中，谐振时电感、电容器两端的电压很大。当 Q 表的高频振荡源给谐振回路供给一个频率为 f 的高频电压时，如回路中的电感固定，那么谐振电容必须满足：$C_0 = \dfrac{1}{(2\pi f)^2 L}$，或在实际测量中我们选定一个 C_0 而改变 Q 表的高频振荡源的频率。在谐振时 $f = \dfrac{1}{2\pi\sqrt{LC_0}}$。

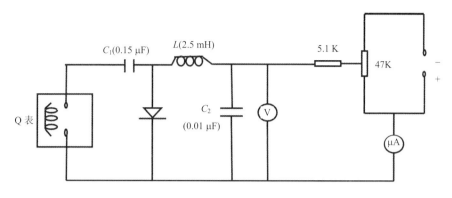

图 8-1　测量线路示意图

如果我们在未加 SBD 之前测得一个谐振电容 C_0，即表上的主调电容器的电容值。之后，当 SBD 与 C_0 并联时，回路将失谐。如果减小 Q 表的主调可变电容到 C_1，使 Q 表的指示重新达到谐振，这时 SBD 的电容 C 必定等于 Q 表的主调电容的第一值与第二值之差，即 $C=C_0-C_1$。由此可见，只要测得 C_0 及 C_1 就可以得到 SBD 的电容值。我们对 SBD 电容的测量正是基于这一谐振的原理。

实验中具体测量程序如下：

（1）首先按 Q 表使用规则，熟悉 Q 表的使用方法。把 Q 表的主调可变电容放到 500 pF 处，然后调节频率旋钮达到谐振点，固定此频率；

（2）把预先做好 SBD 的外延片背面涂上一层水，然后在触针架的底片上，将触针放下，与金点对准并很好地接触。这时回路失谐。再旋转主调可变电容，重新达到谐振点。这时 500 pF 与可变电容指示值之差，即为零偏压的 SBD 电容。记录下此数据。继续调节直流偏压旋钮，使电压有很小的改变，再调节主调可变电容旋钮使 Q 表再次达到谐振点，记录下电容值。依次往下做下去，得到不同偏压下的电容值。重要的是在低压区只能取小的电压增加量，因为这个区内电容的变化最大。随着反向电压的增大，SBD 接近击穿。当反向串联微安表电流值（即 SBD 反向饱和电流值）大于 20 μA 时，即停止加反向偏压，测量到此不继续测了。为了减小测量误差，要 $\dfrac{\Delta C}{C} < \dfrac{1}{10}$，电容值的变化不要过大。

【数据处理与分析】

1. 对每一个样品，按表 8-1 详细地记录测量的数据。

表 8-1　实验数据记录表

V (V)	C_1 (pF)	C （pF）	ΔC (pF)	ΔV (V)	

2. 为了熟悉计算公式和检查测试的结果，先利用（8-7）和（8-9）式，或（8-8）和（8-10）式，计算出任意一个外延层深度的数值和对应的杂质浓度。

3. 根据公式（8-7）～（8-10），编写计算外延层浓度随浓度变化的程序。从键盘输入测量的数据，运行该程序，即可打印结果。

实验九　二次谐波法测量杂质浓度及其分布

【实验目的】

1．了解二次谐波法测量杂质浓度的物理模型及测试原理。
2．掌握二次谐波法测量杂质浓度分布的方法。

【实验仪器】

RXB-1 型半导体杂质浓度分布测试仪，X-Y 记录仪。

【实验原理】

1．物理模型

如果我们用一个小的交流电来激励加偏压的肖特基势垒二极管，在二极管两端会产生电压降，它包含一次谐波和二次谐波两种成分。一次谐波的振幅正比于耗尽层的深度，二次谐波振幅正比于杂质浓度的倒数，因此便提供了一种直接描绘杂质浓度分布的方法。下面我们来导出这种方法的基本公式，所采取的途径就是设法把结上的电压变化表示成耗尽层中电荷变化的函数。如图 9-1 所示。

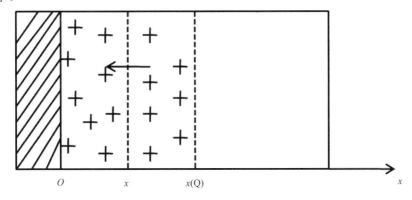

图 9-1　反向偏压时肖特基势垒示意图

一个金属-半导体整流接触，即肖特基势垒，在反向偏压下势垒扩展到 $x(Q)$，

此时单位面积的总电荷 Q 可以用耗尽层深度 $x(Q)$ 表示为

$$Q = q \int_0^{x(Q)} N(x)\, \mathrm{d}x \qquad (9\text{-}1)$$

$N(x)$ 是 x 处的电离施主的浓度。跨在耗尽层上的电压 V 可以表示成 Q 的函数：

$$V(Q) = \int_0^{x(Q)} E(x, Q)\, \mathrm{d}x \qquad (9\text{-}2)$$

$E(x,Q)$ 表示耗尽层中任一点 x 处的电场强度数值。从 9-1 中看到，从 x 到 $x(Q)$ 之间的正电荷到金属 M 上的负电荷的电场都穿过 x，而 O 到 x 之间的正电荷 M 上的负电荷的电场都不穿过 x，因此在 x 处的电场强度为

$$E(x,Q) = \frac{q}{\varepsilon} \int_x^{x(Q)} N(x)\, \mathrm{d}x = \frac{1}{\varepsilon} \left(Q - q \int_0^{x(Q)} N(x)\, \mathrm{d}x \right) \qquad (9\text{-}3)$$

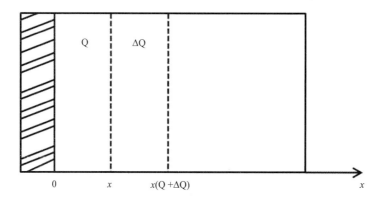

图 9-2　电压变化 ΔV 引起的势垒变化

如果单位面积电荷 Q 增加一个小增量 ΔQ，则电压改变一个增量 ΔV，势垒边界面 $x(Q)$ 变为 $x(Q+\Delta Q)$，此时根据公式（9-2），ΔV 应由下式给出：

$$\Delta V = \int_0^{x(Q+\Delta Q)} \Delta E(x)\, \mathrm{d}x = \int_0^{x(Q+\Delta Q)} E(x, Q+\Delta Q)\, \mathrm{d}x - \int_0^{x(Q+\Delta Q)} E(x,Q)\, \mathrm{d}x \qquad (9\text{-}4)$$

将下列两式分别代入（9-4）中

$$E(x, Q+\Delta Q) = \frac{q}{\varepsilon} \int_x^{x(Q+\Delta Q)} N(x')\, \mathrm{d}x' \qquad (9\text{-}5)$$

$$E(x, Q) = \frac{q}{\varepsilon} \int_x^{x(Q)} N(x')\, \mathrm{d}x' \qquad (9\text{-}6)$$

则

$$\Delta V = \frac{q}{\varepsilon}\int_0^{x(Q+\Delta Q)}\int_x^{x(Q+\Delta Q)} N(x')\,dx'dx - \frac{q}{\varepsilon}\int_0^{x(Q)}\int_x^{x(Q)} N(x')\,dx'dx$$

$$= \frac{q}{\varepsilon}\int_0^{x(Q)}\int_x^{x(Q+\Delta Q)} N(x')\,dx'dx + \frac{q}{\varepsilon}\int_{x(Q)}^{x(Q+\Delta Q)}\int_x^{x(Q+\Delta Q)} N(x')\,dx'dx$$

$$- \frac{q}{\varepsilon}\int_0^{x(Q)}\int_x^{x(Q)} N(x')\,dx'dx \tag{9-7}$$

$$= \frac{q}{\varepsilon}\int_0^{x(Q)}\int_{x(Q)}^{x(Q+\Delta Q)} N(x')\,dx'dx + \frac{q}{\varepsilon}\int_{x(Q)}^{x(Q+\Delta Q)}\int_x^{x(Q+\Delta Q)} N(x')\,dx'dx$$

如果 ΔQ 很小，可以认为 $x(Q)$ 与 $x(Q+\Delta Q)$ 之间 $N(x)$ 为常数，故

$$\Delta Q = q\int_{x(Q)}^{x(Q+\Delta Q)} N(x)\,dx = qN(x)\left[x(Q+\Delta Q)-x(Q)\right] \tag{9-8}$$

利用式（9-8）简化下面二个积分为

$$\frac{q}{\varepsilon}\int_0^{x(Q)}\int_{x(Q)}^{x(Q+\Delta Q)} N(x')\,dx'dx = \Delta Q x(Q)/\varepsilon \tag{9-9}$$

$$\frac{q}{\varepsilon}\int_{x(Q)}^{x(Q+\Delta Q)}\int_x^{x(Q+\Delta Q)} N(x')\,dx'dx$$

$$= \frac{q}{\varepsilon}\int_{x(Q)}^{x(Q+\Delta Q)} N(x)\left[x(Q+\Delta Q)-x(Q)\right]dx$$

$$= \frac{q}{\varepsilon}N(x)\left[x(Q+\Delta Q)-x(Q)\right]^2/2 = \Delta Q^2/2q\varepsilon N(x) \tag{9-10}$$

于是式（9-4）是变为

$$\Delta V = \frac{\Delta Q \times x}{\varepsilon} + \frac{\Delta Q^2}{2q\varepsilon N(x)} \tag{9-11}$$

假定 ΔQ 是交变电流 $I = I_0\sin\omega t$ 引起的电荷增量，则这单一频率正弦电流在面积为 A 上引起的单位面积电荷增量 ΔQ 可写为

$$\Delta Q = \frac{I_0\cos\omega t}{\omega A} \tag{9-12}$$

将（9-12）代入（9-11）式得

$$\Delta V = \frac{xI_0\cos\omega t}{\varepsilon\omega A} + \frac{I_0^2\cos 2\omega t}{4\omega^2 A^2 q\varepsilon N(x)} + \frac{I_0^2}{4\omega^2 A^2 q\varepsilon N(x)} \tag{9-13}$$

这就是二次谐波法的基本公式。由式（9-13）可见样品上的电压有第一项基频电压，其幅度正比于势垒边界的位置 $x(Q)$，第二项二次谐波电压，幅度正比于势垒边界电离施主浓度 $N(x)$ 的倒数。

2．仪器工作原理

仪器工作原理如图 9-3 所示。激励被测二极管的基频讯号由 5 MHz 振荡源

产生，通过低通滤波器滤去基频讯号的高次谐波，由单一的 5 MHz 频率讯号去激励被测二极管。改变加在二极管上的直流偏压来改变耗尽层深度，经过讯号分离电路，样品两端的一次谐波由高频毫伏表接收，二次谐波 10 MHz 的讯号经过高通滤波器滤去混入的 5MHz 基频讯号，由对数放大器接收。5 MHz 与 10 MHz 讯号分别经解调后送至直流电压表或送至 X-Y 函数记录仪。

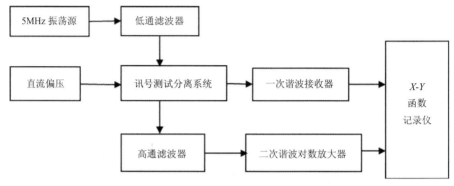

图 9-3　测试电路原理图

图 9-4 为测试电路示意图。

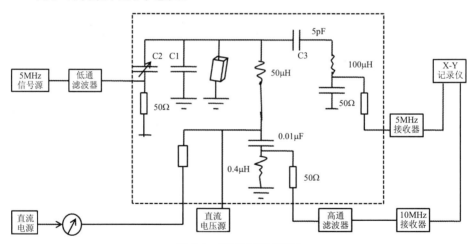

图 9-4　测试电路示意图

被测二极管在射频电压激励下产生的二次谐波 $V_{2\omega}$ 的幅值非常小，所以振荡源输出的射频电流不仅需要恒定、线性工作时无畸变，而且本身的二次谐波必须完全去掉，否则被测样品产生的二次谐波 $V_{2\omega}$ 会被振荡源本身的二次谐波所掩盖，无法进行测量。测试样品的信号分离电路在 5 MHz 和 10 MHz 频率时均要处于高阻抗的谐振状态，使得很小的二次谐波分量也不至于被分流。分离电路组件（包括探针）对地的分布电容要小，不得大于 5 pF，所以把它安装在一个屏蔽的铜盒里。在电路中不能有非线性元件，以免产生杂散的谐波来干扰被测讯号。接收二次谐波的放大器对于一次谐波衰减应大于 800 dB 以上，而且能有效地放大二次谐波。

【仪器使用方法及定标】

（一）使用方法

1．接上样品测试电路与连接的四根电线：仪器"激励输出"接到测试电路"激励输入"；仪器"基频输入"接测试电路"基频输出"；仪器"谐波输入"接测试电路"谐波输出"；仪器"偏压"接测试电路"偏压"。

2．仪器面板旋钮位置：偏压量程开关应调在关的位置。偏压旋钮逆时针方向调整至最小。深度量程旋钮调至 500 mV 一挡。激励输出旋钮调至最大（仪器的"激励输出"与"深度"合用一只表头）。极性开关调至与待测样品一致（P 或 N）。断续开关应放在断的位置。

3．接上电源插头，开启电源，将仪器预热半小时。调整 $N(x)$ 调零和 x 调零旋钮，分别将 $N(x)$、x 调至零位（注意 $N(x)$ 零位在表头上有刻度，并非表头机械零点）。

4．安装悬汞电极：开样品台后照明聚光灯，将悬汞电极汞滴调节至样品台约 1 mm 高度处。然后调节实体显微镜，其中目镜内附有标准面积刻度板，调节实体显微镜前后左右位置，以便观察到的汞滴最为清晰。

5．安放测试外延片：提高悬汞电极，在测试台上滴一小滴水，放上外延片，并用镊子轻轻压紧，用滤纸吸去多余水珠。

6．调整激励功率：调整 $N(x)$ 零点，使汞滴接近被测样品，将激励功率调至仪器标定的数值。

7．调整悬汞电极，使汞滴与外延片成肖特基结。汞滴接触面积大小要与实体显微镜中观察标准面积一致。如图 9-5 甲所示，其中上半球为汞滴，下半球为外延片反射的汞滴虚象。图乙面积偏大，图丙面积偏小，均不正确。在显微镜内标准刻度板上有三根线，如图丁所示。ab 二线间距离对应汞滴直径为 Φ0.6 mm，用于 A 挡测试。bc 二线间距离对应汞滴直径为 Φ0.25 mm，用于 B 挡测试。

8．将深度旋钮调至×10 mV 挡，按下屏蔽盒顶上调零按钮，再调节 x 调零旋钮至 x 零位，放开按钮即可从 $N(x)$ 和 x 二只表头上直接得到外延片的浓度与深度。

9. 将偏压量程调至×10 V 或×100 V，调节偏压旋钮，施加反向偏压，即得到浓度。

$N(x)$随深度 x 分布关系，可从表上直接读数。在仪器上有漏电流指示表，一般选取漏电流小于 5 μA，若一开始加偏压，即出现较大漏电流，说明极性加反，改变偏压极性即可测试。

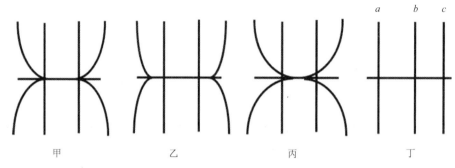

图 9-5　汞滴与对应显微镜中反射像的示意图

10. 如需要 $N(x)$-x 分布曲线，可从仪器背面 $N(x)$, x 输出接线柱上接上 X-Y 记录仪，记录仪需要半对数图纸（注意图纸应倒放，上端浓度低，下端浓度高）。$N(x)$, x 输出各自有电位器可调节衰减，使 $N(x)$ 表头上量程与对数记录纸数值一致。$N(x)$ 起始零点可调记录仪零点，仪器面板上装有断续开关，是为了防止记录仪在 x 挡"打表"，深度换挡时必须将断续开关切断。当测试完毕准备抬起汞滴时，必须将断续开关打向"断"的位置，偏压量程开关打向"关"的位置，偏压调节放置偏压输出为零位置。

11. 测试完毕后应将汞滴浸入蒸馏水中，以免氧化，已经氧化的汞滴是不浸润的，不可用于测试。

（二）仪器定标

应用此方法对被测样品两端的基频电压幅值 V_ω 和二次谐波电压的幅值 $V_{2\omega}$ 作绝对测量是有困难的，因为它受仪器各单元电路之间分布参数的影响，使测量值和 V_ω，$V_{2\omega}$ 之间有一个未知的比例常数，所以对仪器必须进行定标。

1. 浓度 $N(x)$ 定标

实验中采用标准硅片来进行定标。指示浓度的是一只对数刻度表头，它是由接收二次谐波的对数放大器经解调后的讯号驱动。从测试样品上取得的二次谐波讯号与输出表头成严格的对数关系，仪器上二挡激励功率 A，B 是对硅材料 $1×10^{13}～1×10^{16}$ cm^{-3} 和 $1×10^{16}～1×10^{13}$ cm^{-3} 浓度。其他材料我们只要稍变动一下激励功率 A、B，浓度表头上刻度同样使用。例如我们想用此仪器测 GaAs

材料，我们可以选择一块浓度较均匀的 GaAs 材料，其 $N=1\times10^{16}$ cm^{-3}，按仪器使用规则进行测试，在结面积为 0，0.6 mm 时，反复调整激励功率，使其浓度表头指针指在 1×10^{16} cm^{-3}，这样就测得对 GaAs 材料在 $1\times10^{13}\sim1\times10^{16}$ cm^{-3} 激励功率 A。

2．深度 x 定标

深度 x 是用标准电容来定标的。

由 $C=\varepsilon\varepsilon_0A/x$ 得 $x=\varepsilon\varepsilon_0A/C$。令 $\varepsilon\varepsilon_0A/C_{标}=1\times10^{-4}$ cm（1 μm），ε、ε_0、A 均为已知。求得各种材料对应于 1 μm 深度的标准电容，例如 GaAs 在 Φ=0.6 mm 结面积时，$C_{标}$=27 pF，在仪器输出功率为时在测试探针处接上一只 27 pF 标准电容，然后按下屏蔽盒项上接地按钮（探针接地），调节 x 调零旋钮至 x 零点，再放开按钮，即得到在 Φ=0.6mm，激励功率为 A′测试条件 GaAs 材料深度 1 μm 时对应的一次谐波幅度（毫伏数，如 1 μm= 25 mV）。如在 10 mV 挡的满量程深度 x=10 mV/2.5 mV=4 μm，50 mV 挡满量程深度 x=50 mV/2.5 mV= 20 μm。表 9-1 中给出各种材料对应 x 为 1 μm 时的标准电容值。

【实验步骤】

1．见表 9-1 所示。熟悉仪器旋钮用途，按使用方法（1）、（2）、（3）进行操作。

2．用丙酮棉清除测试台污物，外延硅片测试前用丙酮棉球进行擦片处理，注意镊子尖不能触到硅片表面。

3．安放探针及按使用方法（1）进行外延片安放。

4．按使用方法（6）、（7）、（8）、（9）进行测量。

5．测 N 型及 P 型外延片，每片测三次（片子中间三个不同地方），求出平均浓度，改变偏压观察浓度随深度的变化。

表 9-1　典型半导体材料对应 x 为 1μ 的标准电容值

$C_{标}$　材料	$C_{标}$（pF）Φ=0.6 mm	$C_{标}$（pF）Φ=0.25 mm	ε（F/m）
硅	30	5.20	1.06×10^{-12}
锗	40	6.97	1.42×10^{-12}
砷化镓	27	4.76	0.97×10^{-12}
磷化镓	26	4.47	0.91×10^{-12}
磷化镓	25	4.34	0.88×10^{-12}

6.将 $N(x)$-x 分布片进行测量，并观察浓度随深度变化；记录数据，并作出 $N(x)$-x 曲线。

【注意事项】

1.探针放汞滴时不能将汞滴掉到实验台上。实验完毕后应将探针放入水中，以免汞蒸发。

2.显微镜放大倍数旋钮已放好，不能随意扭，否则会造成面积值变大或变小。

【思考题】

1．在测量杂质分布时，杂质分布的最大深度受什么因素限制?

2．N 的可测范围有限，我们如何扩大测量范围?

3．从 $\Delta Q=\Delta x q N(x)$ 分析测量分辨率取决于什么因素? 如何提高测量的分辨率?

实验十　硅单晶中位错、层错的观察

【实验目的】

1. 学习硅单晶的缺陷基本知识。
2. 了解硅单晶中晶体缺陷的腐蚀显示方法。

【实验仪器】

金相显微镜。

【实验原理】

在实际应用的硅材料的晶格中,总是存在着偏离理想情况的各种复杂现象,即存在各种形式的缺陷。按缺陷在晶体空间分布尺寸的情况可以分为点缺陷、线缺陷、面缺陷等,这里主要讨论硅单晶体中的位错和硅外延片中的层错。

1. 位错

位错是硅单晶中最主要的一部分缺陷。当晶体中的部分原子受到外力(或内应力)作用时,会产生形变。在作用力比较小时是弹性形变。当应力大于一定数值,应力和形变不再服从虎克定律,外力去掉后,应变并不消失,而产生一种永久的形变,这种形变就称为范性形变。在晶体生长中由于拉晶过程中热场的不均匀造成应力,在拉晶过程的机械振动造成晶体中发生了部分原子的滑移,在滑移区与未滑区必须存在着一个边界,这就是位错线或"位置错乱"。位错线就是隔开已滑移区和未滑移区的边界线。晶体中最简单的两种位错形式就是刃位错与螺形位错,如图 10-1(b)、(c)所示。刃位错的特点是晶体内部有一个原子平面中断在晶体内部,这个原子平面中断处的边沿是刃形位错;而螺位错的特点则并没有原子平面中断在晶体内部,而是原子面沿着一根轴线绕一周,原子面上升一个晶面间距,在中央轴线处形成一螺形位错。

硅的结构是金刚石型,它由两套面心立方格子套构而成,因此它们具有的位错形式比上述的简单模型复杂得多。在硅晶体中产生的位错绝大部分位于(111)晶面族上。其滑移方向为[110],我们称这时产生的位错为特征位错。

2. 层错

一个完整的晶体可以理解为许多平行晶面以一定方式堆积而成。当这种正常的堆积方式被破坏时，使晶体中造成一层缺陷。在外延生长过程中，由于衬底上某处，或者在抛光过程中产生的微痕，或者有微粒、氧化物，或者清洗过程留下的污点等会使该处原子的正常排列遭受破坏。而在外延过程中使这种错排逐渐传播，直到晶体表面，成为区域性缺陷。

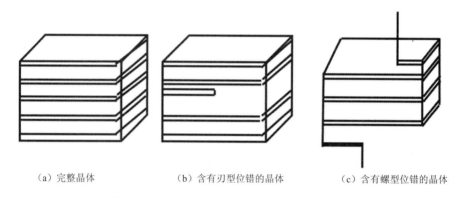

（a）完整晶体　　　　　（b）含有刃型位错的晶体　　　（c）含有螺型位错的晶体

图 10-1　完整晶体和含有位错晶体的结构示意图

层错可分为本征层错和非本征层错。本征层错是指抽出一层的情况，即按 ABCA—CABC……（指抽出 B 层）排列。非本征层错是指插入一层的情况，即按 ABCACBCABC……（按插入 C 层排列）。

当一个晶面上同时形成许多晶核时，它们大多数不可能错配，错配只发生在很少的晶核上。而且随着外延层的生长逐渐扩大，最终沿三个（111）面发育成为一倒立四面体。如图 10-2 所示。

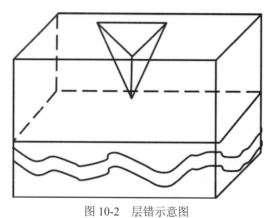

图 10-2　层错示意图

由于此四面体是错配的晶核发育而成，因此在它与正常生长的晶体的界面两侧，原子是失配的。也就是说，晶格的完整性在这些界面附近受到破坏，但在层错内部，晶格仍是完整的。由错配的晶核为起源的层错，并不一定都能沿三个（111）面发展到表面，即在表面并不都呈三角形，在某些情况下，层错周围的正常生长可以抢先占据上面的自由空间，因而使得层错不能充分发育。于是表现在层错的腐蚀图形不是完整的三角形，而可能是一条直线，或者为一角，如图 10-3 所示。

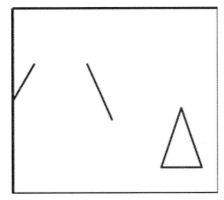

图 10-3　层错在（111）面上的边界几何形状

3．金相腐蚀法

目前用来观测晶体中缺陷的实验方法很多，金相腐蚀法就是其中一种，这种方法操作简单、直观，是晶体缺陷观察的有力工具。

晶体中的缺陷一般仅涉及几层原子的排列畸变，因此用普通显微镜不能直接观察到它们，更不能发现晶体内部的缺陷。但由于缺陷附近的畸变区具有较高的能量，从而具有较大的化学活动性。因此，当晶体遭受化学腐蚀液的侵蚀时，缺陷部位常比完整区域具有更快的腐蚀速度，并形成腐蚀坑。这些腐蚀坑的尺寸可达数微米，于是可以用普通的金相显微镜来观察它们，通过观察腐蚀坑的形状和数目可以了解晶体中缺陷的类型和密度。

硅单晶（111）面上位错和硅外延片（111）面上层错的腐蚀显示如图 10-4 所示。

对于（111）晶面硅单晶用希尔腐蚀液腐蚀后，它们的位错腐蚀坑呈黑三角形。对于晶向没有偏离[111]时，刃位错可以看出三角形，螺位错可看出螺线；若晶向略有偏离[111] 晶向时，腐蚀坑图形也会发生变化。如图 10-4（a）、（b）、（c）。

硅外延片（111）面用希尔腐蚀液腐蚀后，它的层错腐蚀坑呈正三角形或为一直角或相互呈 60°角，如图 10-4（d）。

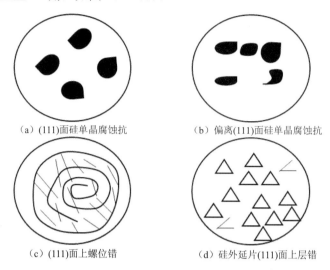

（a）(111)面硅单晶腐蚀抗　　　　（b）偏离(111)面硅单晶腐蚀抗

（c）(111)面上螺位错　　　　　　（d）硅外延片(111)面上层错

图 10-4　各种腐蚀坑和缺陷

【实验步骤】

1. 位错和层错的观察

将磨好的样片放入腐蚀液中腐蚀，对于不同的样品，显示不同缺陷的腐蚀时间也不同，腐蚀温度越高，腐蚀越快，室温下层错腐蚀时间约为 1 分钟左右，位错腐蚀时间为 20 分钟左右。

对于[111]晶向的硅单晶片和外延片用希尔腐蚀液最合适，它的配方是 50 g CrO_3，加 100 mL H_2O 组成标准液，使用时再按标准液：HF=1：1 的比例配成希尔腐蚀液。

将腐蚀好的样片用金相显微镜观察：转动显微镜的调焦手轮进行调焦，直到能观察到清晰的像为止。画出你所观察到的图形，测出视场面积及位错、层错个数。

【数据处理与分析】

画出你观察到的层错、位错图形，根据观测到的层错、位错个数，计算层错、位错密度。

实验十一　用晶体管特性图示仪测量晶体管的特性参数

晶体管在半导体器件中占有重要的地位，也是组成集成电路的基本元件。晶体管的各种特性参数可以通过专用仪器——晶体管特性图示仪进行直接测量。了解和测量实际的晶体管的各种性能参数不仅有助于掌握晶体管的工作机理，而且还可以分析造成各种器件失败的原因，晶体管特性图示仪是半导体工艺生产线上最常用的一种工艺质量检测工具。

【实验目的】

1. 了解晶体管特性图示仪的工作原理。
2. 学会正确使用晶体管特性图示仪。
3. 测量共发射极晶体管的输入特性、输出特性、反向击穿特性和饱和压降等直流特性。

【实验仪器】

晶体管特性图示仪。

【实验原理】

1. 晶体管特性图示仪的工作原理和基本结构

晶体管的输出特性曲线如图 11-1 所示，这是一个曲线族，对于其中任意一条曲线，相当于 I_b=常数（即基极电流 I_b 不变）。曲线显示出集电极与发射极之间的电压 V_{ce} 增加时，集电极电流 I_c 的变化。因此，为了显示一条特性曲线，可以采用如图 11-2 所示的方法，即固定基极电流 I_b 为

$$I_b = \frac{E_b - V_{be}}{R_b} \qquad (11\text{-}1)$$

在集电极到发射极的回路中，接入一个锯齿波电压发生器 E_c 和一个小的电阻 R_c，晶体管发射极接地。由于电阻 R_c 很小，锯齿波电压实际上可以看成是加在晶体管的集电极和发射极之间。晶体管的集电极电流从电阻 R_c 上流过，电阻

R_c上的电压降就正比于I_c。如果把晶体管的c、e两端接到示波管的x偏转板上，把电阻R_c两端接到示波管的y偏转板上，示波器便显示出晶体管的I_c随V_{ce}变化的曲线。（为了保证测量的准确性，电阻R_c应该很小）。用这种方法只能显示出一条特性曲线，因为此时晶体管的基极电流I_b是固定不变的。

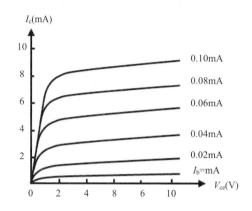

图 11-1　共射晶体管输出特性曲线

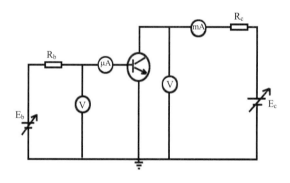

图 11-2　共射晶体管接法

如果要测量整个特性曲线族，则要求基极电流I_b改变。基极电流I_b的改变采用阶梯变化，每一个阶梯维持的时间正好等于作用在集电极的锯齿波电压的周期，如图 11-3 所示。阶梯电压每跳一级，电流I_b便增加一级。（每一级阶梯的增幅可根据不同的晶体管的做相应的调整。）

晶体管特性图示仪便是按照上述原理设计的，它包括阶梯电压发生器（供基极或发射极阶梯波）、锯齿波电压发生器（供集电极扫描电压）、x轴放大器、y轴放大器、示波管系统等组成，其单元作用如图 11-4 所示。作用在垂直偏转板上的除I_c（实际上是I_cR_c）外，还可以是基极电压、基极电流、外接或校正电压。由于 x 轴和 y 轴作用选择的不同，在示波器荧光屏上显示出的特性就完全不同。例如：若 x 轴作用为集电极电压，y 轴作用选择集电极电流，得到晶体管的输出特性曲线；若 x 轴作用为基极电流，y 轴作用选择集电极电流，得到晶体管的电流增益特性（即 β 特性）；若 y 轴作用为基极电流，x 轴作用是基极电压，得到晶体管的输入特性曲线。

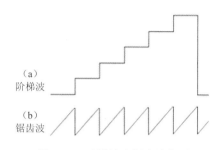

图 11-3　阶梯波和锯齿波信号

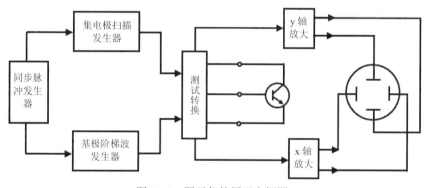

图 11-4　图示仪的原理方框图

2. 晶体管特性图示仪的使用方法

为了不使被测晶体管和仪器损坏，在测试前必须充分了解仪器的使用方法和晶体管的规格，测试中，在调整仪器的各个选择开关和转换量时，必须注意使加于被测晶体管的电压、电流（并配合功耗电阻）从低量程慢慢提高，直到满足测量要求。

以 XJ4810A 型晶体管特性曲线图示仪为例，仪器操作程序如下：

（1）开启电源，预热 5 分钟。

（2）调整示波器。

①拉开电源；

②调整辉度到适中的亮度；

③调整聚焦和辅助聚焦，使线迹清晰；

④调整 x、y 移位，使光点停留在适于观察的位置；

（3）基极阶梯调零。

首先根据被测晶体管的类型（NPN 或 PNP）及接地方式（共基极或共发射极）选取阶梯极性，参考表 11-1。

表 11-1　阶梯极性选择

	NPN	PNP
发射极接地	+	−
基极接地	−	+

然后进行阶梯调零，即调整阶梯信号的起始级在零电位的位置。为了阶梯调零，需先将 y 轴作用置于"基极电流或基极电源电压"，x 轴作用置于集电极电压（V/度），阶梯选择置于 0.01 V/级，阶梯作用为"重复"。调峰值电压为 10 V，这时荧光屏上出现阶梯信号。

将 y 轴放大器校正置于"零点"位置，调 y 轴移位，使基线位于零线上；再将校正复位，使阶梯信号零位至 y 轴零线上。这样，零电位即被准确校正。

（4）集电极扫描

将集电极扫描全部旋钮（峰值电压范围、极性、峰值电压、功耗电阻）都调到预先需要的范围。

（5）y 轴作用

将"毫安伏/度"开关与"倍频"开关调到读测需要的范围。

（6）x 轴作用

将"V/度"开关调到读测需要的范围。

（7）基极阶梯信号

将极性、串联电阻、阶梯选择（mA/级或 V/级）调到预先需要的范围。阶梯作用需要选择"重复""单族"或"关"。

（8）测试台

将接地开关按需要选择，然后插上晶体管，调节峰值电压等，此时即有曲线显示。再经过 y 轴、x 轴、阶梯三部分的适当修正，即可进行有关测量。

（9）测试完毕后关闭电源

将集电极扫描的峰值电压范围调至 0～20V、峰值电压至 0，功耗电阻至 1K

左右，y 轴作用 "mA/度"，x 轴作用 "V/度"，基极阶梯信号 "mA/级"，阶梯作用"关"，示波器的辉度减暗后，关闭整机电源。

【实验步骤】

1. 熟悉仪器的各旋钮和开关的作用。

2. 根据被测量的晶体管的类型和接地方式选择集电极电压和阶梯极性（按面板上的指示）。

3. 读测方法（以 C9013 NPN 管为例）

（1）输入特性曲线和输入电阻 R_i

在共射晶体管电路中，输出交流短路时，输入电压和输入电流之比为 R_i，即

$$R_i = \frac{\partial V_{be}}{\partial I_b}\bigg|_{V_{ce}=常数} \tag{11-2}$$

它是共射晶体管输入特性曲线斜率的倒数。例如需测 C9013 在 $V_{ce} = 10\text{V}$ 时某一工作点 Q 的 R_i 值，晶体管接法如图 11-5 所示。各旋钮位置为

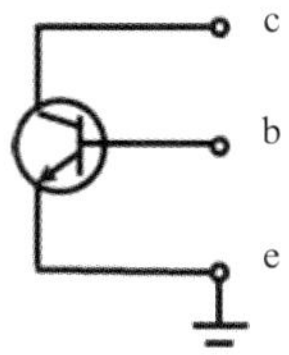

峰值电压范围	0～10 V
极性（集电极扫描）	正（+）
极性（阶梯）	正（+）
功耗限制电阻	0.1～1 kΩ（适当选择）
x 轴作用	电压 0.1 V/度
y 轴作用	⊓
阶梯作用	重复
阶梯选择	0.1 mA/级

图 11-5　晶体管接法

测试时，在未插入样管时先将 x 轴集电极电压置于 1 V/度，调峰值电压为 10 V，然后插入样管，将 x 轴作用扳到电压 0.1 V/度，即得 $V_{ce}=10$ V 时的输入特性曲线。这样可测得图 11-6；以中间一条线为基准，取相邻两条线的电压差 ΔV_b 和电流差 ΔI_b，根据

$$h_{11e} = \frac{\Delta V_b}{\Delta I_b}\bigg|_{V_c=const} \tag{11-3}$$

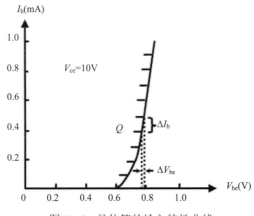

图 11-6　晶体管的输入特性曲线

可求出共发射极的输入阻抗。

（2）输出特性曲线、转移特性曲线和 β

在共射电路中，输出交流短路时，输出电流和输入电流增量之比为共射晶体管交流电流放大系数 β。晶体管接法如图 11-5 所示。旋钮位置如下：

峰值电压范围	0～10 V
极性（集电极扫描）	正（+）
极性（阶梯）	正（+）
功耗限制电阻	0.1～1 kΩ
x 轴	集电极电压 2 V/度
y 轴	集电极电流 2 mA/度
阶梯选择	0.02 mA/级
阶梯作用	重复

调节峰值电压得到图 11-7 所示共射晶体管输出特性曲线。再调节"级/族"增加到 I_c=10 mA（如不到 10 mA，可改变基极阶梯选择及功耗电阻大小），此时读出集电极电压 V_c=1 V 时的 I_c 和 I_b 值，可求出 β 参数。

$$\beta = \frac{\Delta I_c}{\Delta I_b}\bigg|_{V_c=1V} \tag{11-4}$$

用这种方法测得的只是一个晶体管电流放大系数的总情况。实际上晶体管电流放大系数随 I_c 而变化，因此可以观察一下 I_c-I_b 曲线：将 x 轴作用至"基极电流或基极电压"，即得 V_c=2 V 左右的 I_c-I_b 曲线（见图 11-8），该曲线上某一点的（一定的 I_c）斜率即对应 I_c 下的 β 参数值，从斜率的大小就可以看到不同 I_c 下放大系数的情况。

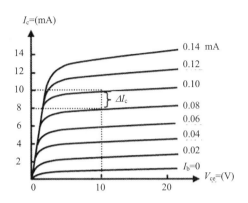

图 11-7 共射晶体管输出特性的读测

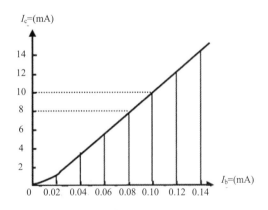

图 11-8 共射晶体管的转移特性

（3）反向击穿电压 BV_{CBO}、BV_{CEO} 和 BV_{EBO}

BV_{CBO}——发射极开路，集电极电流为规定值时，C—B 间的反向电压值。

BV_{CEO}——基极开路，集电极电流为规定值时，C—E 间的反向电压值。

BV_{EBO}——集电极开路，发射极电流为规定值时，E—B 间的反向电压值。

理论上可推导出 $BV_{CEO} = BV_{CBO} / \sqrt[n]{1 + \beta_o}$，对硅 NPN 管，$n = 4$。硅双扩散管的基区平均杂质浓度 $\overline{N}_B \gg Nc$，所以，一般 $BV_{CBO} > BV_{CEO} > BV_{EBO}$，一般 $BV_{CBO} \approx BV_{EBO} > BV_{CEO}$。

C9013 的 BV_{CBO} 和 BV_{CEO} 的测试条件为 $I_C = 100 \, \mu A$，V_{EBO} 的为 $I_E = 100 \, \mu A$。晶体管的接法如图 11-9 示。旋钮位置为

峰值电压范围 $0\sim100$（测 BV_{CBO}，BV_{CEO}）

                                          $0\sim10$（测 BV_{EBO}）

极性（集电极扫描）   正（+）

功耗电阻 $5\sim50$ kΩ

x 轴   集电极电压 10 V/度（测 BV_{CBO}，BV_{CEO}）

                                          1 V/度（测 BV_{EBO}）

y 轴   集电极电流 0.1 mA/度

将峰值电压调整到合适的值，即可得到图 11-10 所示的值。

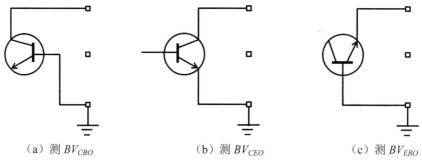

（a）测 BV_{CBO} （b）测 BV_{CEO} （c）测 BV_{EBO}

图 11-9   测击穿电压时晶体管的接法

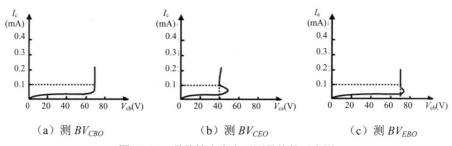

（a）测 BV_{CBO} （b）测 BV_{CEO} （c）测 BV_{EBO}

图 11-10   晶体管击穿电压测量值的示意图

（4）饱和压降 V_{CES} 和正向压降 V_{BES}

V_{CES} 和 V_{BES} 是功率管的重要参数，对开关管尤其重要。V_{CES} 是共射晶体管饱和态时 C-E 间的压降。V_{BES} 是共射晶体管饱和态时 B-E 间的压降。一般硅管的 $V_{BES}=0.7\sim0.8$ V，锗管的 $V_{BES}=0.3\sim0.4$ V。V_{CES} 的大小与衬底材料和测试条件有一定的关系。V_{BES} 与芯片表面的铝硅接触情况有关，铝硅合金不好，或光刻引线孔时残留有薄氧化层都会导致 V_{BES} 过大。

测试时，晶体管接法仍如图 11-5 所示。当测试条件为 I_C=10 mA、I_B=1 mA 时，图示仪的旋钮位置如下：

峰值电压范围　　　　　　　　　　　　0～50 V

功耗电阻　　　　　　　　　　　　　　0.5～1 kΩ

极性（集电极扫描）　　　　　　　　　正（+）

极性（阶梯）　　　　　　　　　　　　正（+）

x 轴　　　　　　　　　　　　　　　集电极电压 0.05 V/度

y 轴　　　　　　　　　　　　　　　集电极电流 1 mA/度

阶梯信号选择　　　　　　　　　　　　0.1 mA/级

阶梯信号　　　　　　　　　　　　　　重复

级/族　　　　　　　　　　　　　　　10

调峰值电压，使第 10 级（即第 11 根）曲线与 I_C=10 mA 的线相交，此交点对应的 V_{CE} 值即为 V_{CES}（如图 11-11 所示，V_{CES}=0.15 V）。

将 y 轴作用拨至⊓，x 轴作用拨至基极电压 0.1 V/度，即得如图 11-12 所示的输入特性曲线。此曲线与 I_B=1 mA 的线交点对应的 V_{BE} 值即为 V_{BES}。

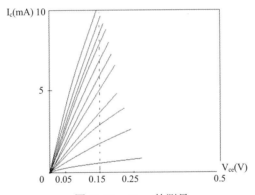

图 11-11　V_{CES} 的测量

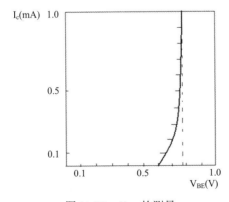

图 11-12　V_{BES} 的测量

4. 测试完毕，将峰值电压调节到 0，示波器的辉度减暗后关闭整机电源。

【附录】

晶体管特性图示仪

晶体管特性图示仪是以通用电子测量仪器为技术基础，以半导体器件为测量对象的电子仪器。用它可以测试晶体三极管（NPN 型和 PNP 型）的共发射极、共基极电路的输入特性、输出特性；测试各种反向饱和电流和击穿电压，还可以测量场效管、稳压管、二极管、单结晶体管、可控硅等器件的各种参数。下面以 XJ4810 型晶体特性图示仪为例介绍晶体管图示仪的使用方法。

（一）XJ4810 型晶体管特性图示仪面板功能介绍

XJ4810 型晶体管特性图示仪面板如图 11-13 所示。

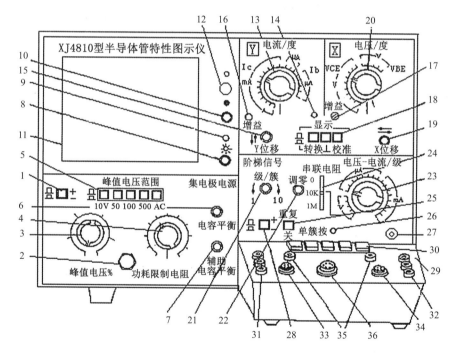

图 11-13　XJ4810 型半导体管特性图示仪

1. 集电极电源极性按钮，极性可按面板指示选择。

2. 集电极峰值电压保险丝：1.5 A。

3. 峰值电压%：峰值电压可在 0～10 V、0～50 V、0～100 V、0～500 V

连续可调，面板上的标称值是近似值，参考用。

4．功耗限制电阻：它是串联在被测管的集电极电路中，限制超过功耗，亦可作为被测半导体管集电极的负载电阻。

5．峰值电压范围：分 0～10 V/5A、0～50 V/1A、0～100 V/0.5A、0～500 V/0.1A 四挡。当由低挡改换高挡观察半导体管的特性时，须先将峰值电压调到零值，换挡后再按需要的电压逐渐增加，否则容易击穿被测晶体管。

AC 挡的设置专为二极管或其他元件的测试提供双向扫描，以便能同时显示器件正反向的特性曲线。

6．电容平衡：由于集电极电流输出端对地存在各种杂散电容，都将形成电容性电流，因而在电流取样电阻上产生电压降，造成测量误差。为了尽量减小电容性电流，测试前应调节电容平衡，使容性电流减至最小。

7．辅助电容平衡：是针对集电极变压器次级绕组对地电容的不对称，而再次进行电容平衡调节。

8．电源开关及辉度调节：旋钮拉出，接通仪器电源，旋转旋钮可以改变示波管光点亮度。

9．电源指示：接通电源时灯亮。

10．聚焦旋钮：调节旋钮可使光迹最清晰。

11．荧光屏幕：示波管屏幕，外有坐标刻度片。

12．辅助聚焦：与聚焦旋钮配合使用。

13．Y 轴选择（电流/度）开关：具有 22 挡四种偏转作用的开关。可以进行集电极电流、基极电压、基极电流和外接的不同转换。

14．电流/度×0.1 倍率指示灯：灯亮时，仪器进入电流/度×0.1 倍工作状态。

15．垂直移位及电流/度倍率开关：调节迹线在垂直方向的移位。旋钮拉出，放大器增益扩大 10 倍，电流/度各挡 I_C 标值×0.1，同时指示灯 14 亮。

16．Y 轴增益：校正 Y 轴增益。

17．X 轴增益：校正 X 轴增益。

18．显示开关：分转换、接地、校准三挡，其作用是：

（1）转换：使图像在 I、III 象限内相互转换，便于由 NPN 管转测 PNP 管时简化测试操作。

（2）接地：放大器输入接地，表示输入为零的基准点。

（3）校准：按下校准键，光点在 X、Y 轴方向移动的距离刚好为 10 度，以达到 10 度校正目的。

19．X 轴移位：调节光迹在水平方向的移位。

20．X 轴选择（电压/度）开关：可以进行集电极电压、基极电流、基极电压和外接四种功能的转换，共 17 挡。

21．"级/簇"调节：在 0～10 的范围内可连续调节阶梯信号的级数。

22．调零旋钮：测试前，应首先调整阶梯信号的起始级零电平的位置。当荧光屏上已观察到基极阶梯信号后，按下测试台上选择按键"零电压"，观察光点停留在荧光屏上的位置，复位后调节零旋钮，使阶梯信号的起始级光点仍在该处，这样阶梯信号的零电位即被准确校正。

23．阶梯信号选择开关：可以调节每级电流大小注入被测管的基极，作为测试各种特性曲线的基极信号源，共 22 挡。一般选用基极电流/级，当测试场效应管时选用基极源电压/级。

24．串联电阻开关：当阶梯信号选择开关置于电压/级的位置时，串联电阻将串联在被测管的输入电路中。

25．重复-关按键：弹出为重复，阶梯信号重复出现；按下为关，阶梯信号处于待触发状态。

26．阶梯信号待触发指示灯：重复按键按下时灯亮，阶梯信号进入待触发状态。

27．单簇按键开关：单簇的按动其作用是使预先调整好的电压（电流）/级，出现一次阶梯信号后回到等待触发位置，因此可利用它瞬间作用的特性来观察被测管的各种极限特性。

28．极性按键：极性的选择取决于被测管的特性。

29．测试台：其结构如图 11-14 所示。

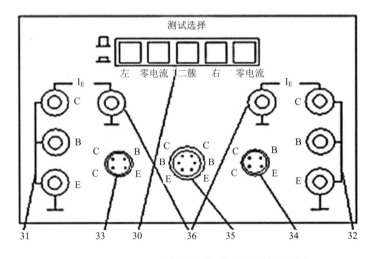

图 11-14　XJ4810 型半导体管 特性图示仪测试台

30．测试选择按键：

（1）"左""右""二簇"：可以在测试时任选左右两个被测管的特性，当置于"二簇"时，即通过电子开关自动地交替显示左右二簇特性曲线，此时"级/簇"应置适当位置，以利于观察。二簇特性曲线比较时，请不要误按单簇按键。

（2）"零电压"键：按下此键用于调整阶梯信号的起始级在零电平的位置，见（22）项。

（3）"零电流"键：按下此键时被测管的基极处于开路状态，即能测量 I_{CEO} 特性。

31，32．左右测试插孔：插上专用插座（随机附件），可测试 F_1、F_2 型管座的功率晶体管。

33，34，35．晶体管测试插座。

36．二极管反向漏电流专用插孔（接地端）。

在仪器右侧板上分布有图 11-15 所示的旋钮和端子：

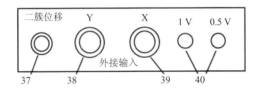

图 11-15　XJ4810 型半导体管特性图示仪右侧板

37．二簇移位旋钮：在二簇显示时，可改变右簇曲线的位置，更方便于配对晶体管各种参数的比较。

38．Y 轴信号输入：Y 轴选择开关置外接时，Y 轴信号由此插座输入。

39．X 轴信号输入：X 轴选择开关置外接时，X 轴信号由此插座输入。

40．校准信号输出端：1V、0.5 V 校准信号由此二孔输出。

（二）测试前注意事项

为保证仪器的合理使用，既不损坏被测晶体管，也不损坏仪器内部线路，在使用仪器前应注意下列事项：

1．对被测管的主要直流参数应有一个大概的了解和估计，特别要了解被测管的集电极最大允许耗散功率 P_{CM}、最大允许电流 I_{CM} 和击穿电压 BV_{EBO}、BV_{CBO}。

2．选择好扫描和阶梯信号的极性，以适应不同管型和测试项目的需要。

3．根据所测参数或被测管允许的集电极电压，选择合适的扫描电压范围。

一般情况下，应先将峰值电压调至零，更改扫描电压范围时，也应先将峰值电压调至零。选择一定的功耗电阻，测试反向特性时，功耗电阻要选大一些，同时将 X、Y 偏转开关置于合适挡位。测试时扫描电压应从零逐步调节到需要值。

4. 对被测管进行必要的估算，以选择合适的阶梯电流或阶梯电压，一般宜先小一点，再根据需要逐步加大。测试时不应超过被测管的集电极最大允许功耗。

5. 在进行 I_{CM} 的测试时，一般采用单簇为宜，以免损坏被测管。

6. 在进行 I_C 或 I_{CM} 的测试中，应根据集电极电压的实际情况选择，不应超过本仪器规定的最大电流，见表 11-3。

表 11-3　最大电流对照表

电压范围/V	0~10	0~50	0~100	0~500
允许最大电流/A	5	1	0.5	0.1

7. 进行高压测试时，应特别注意安全，电压应从零逐步调节到需要值。观察完毕，应及时将峰值电压调到零。

实验十二 MOS 结构高频 C-V 特性测试

MOS 结构 C-V 特性测量是在特定条件下，测量金属-二氧化硅-半导体（MOS）结构的电容-电压（C-V）关系曲线，并通过同理想 MOS 结构的 C-V 曲线作比较，来分析 MOS 界面特性的方法。高频 MOS 结构 C-V 特性测量是检测 MOS 器件制造工艺的重要手段。它可以方便地确定二氧化硅层厚度 d_{OX}、衬底掺杂浓度 N、氧化层中可动电荷面密度 Q_I 和固定电荷面密度 Q_{fc} 等参数。

【实验目的】

1. 理解 MOS 结构的基本结构和高频 C-V 特性。
2. 学会测量 MOS 结构高频 C-V 特性，并确定 d_{OX}、N、Q_I 和 Q_{fc} 等参数。

【实验仪器】

本实验所用测试装置包括：测试台（包括样品台、探针、升温和控温装置等）、高频（1MHz 或更高）C-V 测试仪和 X-Y 函数记录仪。实验装置如图 12-1 所示。

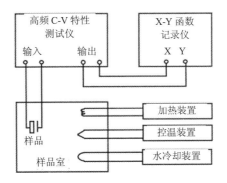

图 12-1　高频 C-V 测量装置示意图

【实验原理】

MOS 结构如图 12-2（a）所示，它类似于金属和介质形成的平板电容器。

但是，由于半导体中的电荷密度比金属中的小得多，所以充电电荷在半导体表面形成的空间电荷区有一定的厚度（微米量级），而不像金属中那样，只集中在一薄层（0.1 nm）内。半导体表面空间电荷区的厚度随偏压 V_G 而改变，所以 MOS 电容是微分电容：

$$C = A\frac{dQ_G}{dV_G} \tag{12-1}$$

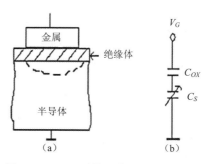

图 12-2　MOS 结构示意图及其等效电路

式中 Q_G 是金属电极上的电荷面密度，A 是电极面积。现在考虑理想 MOS 结构。所谓理想情形，是假设 MOS 结构满足以下条件：（1）金属与半导体间功函数差为零；（2）SiO_2 绝缘层内没有电荷；（3）SiO_2 与半导体界面处不存在界面态。偏压 V_G 一部分在降在 SiO_2 上，记作 V_{OX}；一部分降在半导体表面空间电荷区，记作 V_S，即

$$V_G = V_{OX} + V_S \tag{12-2}$$

V_S 又叫表面势。考虑到半导体表面空间电荷区电荷和金属电极上的电荷数量相等、符号相反，有

$$|Q_{SC}| = |Q_G| \tag{12-3}$$

式中，Q_{SC} 是半导体表面空间电荷区电荷面密度。将式（12-2）、（12-3）代入式（12-1），

$$C = A\frac{dQ_G}{dV_G} = A\frac{dQ_G}{dV_{OX} + dV_S} = \frac{1}{\dfrac{1}{C_{OX}} + \dfrac{1}{C_S}} = \frac{C_{OX}C_S}{C_{OX} + C_S} \tag{12-4}$$

式（12-4）表明 MOS 电容由 C_{OX} 和 C_S 串联构成，其等效电路如图 12-2（b）所示。其中，C_{OX} 是以 SiO_2 为介质的氧化层电容，它的数值不随 V_G 改变；C_S 是半导体表面空间区电容，其数值随 V_G 改变，因此

$$C_{OX} = A \left| \frac{dQ_G}{dV_{OX}} \right| = A \frac{\varepsilon_0 \varepsilon_{ro}}{d_{OX}} \tag{12-5}$$

$$C_S = A \left| \frac{dQ_{SC}}{dV_S} \right| \tag{12-6}$$

式中，ε_{ro} 是 SiO$_2$ 相对介电常数。

P 型衬底理想 MOS 结构高频 C-V 特性曲线如图（12-3）所示。

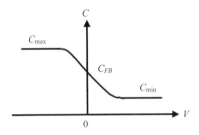

图 12-3 p 型衬底理想 MOS 结构高频 C-V 特性

图中 V 代表偏压 V_G。最大电容 $C_{max} \approx C_{ox}$，最小电容 C_{min} 和最大电容 C_{max} 之间有如下关系：

$$\frac{C_{min}}{C_{max}} = \frac{1}{1 + \dfrac{\varepsilon_{ro}}{\varepsilon_{rs} d_{ox}} \left(\dfrac{4\varepsilon_0 \varepsilon_{rs} kT}{q^2 N} \ln \dfrac{N}{n_i} \right)^{\frac{1}{2}}} \tag{12-7}$$

式中，ε_{rs} 是半导体的相对介电常数。

$V_S = 0$ 时，半导体表面能带平直，称为平带。平带时的 MOS 电容称为平带电容，记作 C_{FB}。对于给定的 MOS 结构，归一化平带电容由下式给出：

$$\frac{C_{FB}}{C_{OX}} = \frac{1}{1 + \dfrac{\varepsilon_{ro}}{\varepsilon_{rs} d_{OX}} \left(\dfrac{kT \varepsilon_0 \varepsilon_{rs}}{q^2 N} \right)^{\frac{1}{2}}} \tag{12-8}$$

平带时所对应的偏压称为平带电压，记作 V_{FB}。显然，对于理想 MOS 结构，$V_{FB} = 0$。

现在考虑实际的 MOS 结构。由于 SiO$_2$ 中总是存在电荷（通常是正电荷），且金属的功函数 W_m 和半导体的功函数 W_S 通常并不相等，所以 V_{FB} 一般不为零。若不考虑界面态的影响，有

$$V_{FB} = -\frac{Aq Q_{OX}}{C_{OX}} - V_{mS} \tag{12-9}$$

式中，Q_{OX} 是 SiO_2 中电荷的等效面密度，它包括可动电荷 Q_I 和固定电荷 Q_{fc} 两部分。"等效"是指把 SiO_2 中随机分布的电荷对 V_{FB} 的影响看成是集中在 Si- SiO_2 界面处的电荷对 V_{FB} 的影响。V_{mS} 是金属-半导体接触电势差，

$$V_{mS} = \frac{W_S - W_m}{q} \tag{12-10}$$

对于铝栅 P 型硅 MOS 结构，V_{mS} 大于零，Q_{OX} 通常也大于零（正电荷），所以 $V_{FB} < 0$，如图 12-4 中的曲线 1 所示。作为对比，图中还画出了相应的理想曲线（曲线 0）。

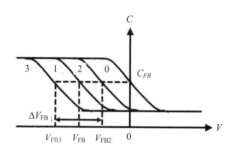

图 12-4　铝栅 p 型硅结构高频 C-V 特性

利用正、负偏压温度处理的方法（简称 $\pm BT$ 处理）可将可动电荷 Q_I 和固定电荷 Q_{fc} 区分开来，负 BT 处理是给样品加一定的负偏压（即 $V_G < 0$），同时将样品加热到一定的温度。由于可动电荷（主要是带正电的 Na^+ 离子）在高温下有较大的迁移率，它们将在高温负偏压条件下向金属-SiO_2 界面运动。经过一定的时间，可以认为 SiO_2 中的可动电荷基本上全部运动到金属-SiO_2 界面处。保持偏压不变，将样品冷却至室温，然后去掉偏压，测量高频 C-V 特性，得到图 12-4 中的曲线 2。由于这时可动电荷已经全部集中到金属- SiO_2 界面处，对平带电压没有影响了，根据（12-9）式可得 $Q_{OX} = Q_{fc}$

$$V_{FB2} = -\frac{AqQ_{fc}}{C_{OX}} - V_{mS} \tag{12-11}$$

若 V_{mS} 已知，由式（12-11）可以确定 SiO_2 中的固定电荷面密度

$$Q_{fc} = -\frac{C_{ox}(V_{mS} + V_{FB2})}{Aq} \quad (cm^{-2}) \tag{12-12}$$

改变偏压极性，作正 BT 处理。加热的温度和时间与负 BT 相同。正 BT 处理后，测量高频 C-V 特性，得到图 12-4 中的曲线 3。由于这时可动电荷已基本

上全部集中到 S_i - S_iO_2 界面处，所以 V_{FB3} 中包含了 Q_I 和 Q_{fc} 的影响。根据式 （12-9）和式（12-11）$Q_{ox} = Q_I + Q_{fc}$

$$V_{FB3} = -\frac{AqQ_I}{C_{OX}} - \frac{AqQ_{fc}}{C_{OX}} - V_{mS} = -\frac{AqQ_I}{C_{OX}} + V_{FB2} \tag{12-13}$$

令 $\Delta V_{FB} = |V_{FB2} - V_{FB3}|$，由式（12-13）可确定可动电荷面密度

$$Q_I = \frac{C_{OX}\Delta V_{FB}}{Aq} \quad (\text{cm}^{-2}) \tag{12-14}$$

样品制备中衬底材料、电极面积、氧化层厚度以及电极材料等，均可根据现有的材料和具体工艺条件而定。例如，P 型或 N 型硅单晶抛光片，电阻率 6～10 Ω·cm，干氧氧化，氧化层厚度约为 100nm。铝电极或多晶硅电极，面积为 2×10^{-8} cm^2。为了保证样品和测试台之间有良好的欧姆接触，最好在样品背面蒸上铝。最后，在 400～450 ℃ forming gas（10%H_2、30%N_2 的混合气体）中退火 30 分钟，起合金和减少界面态的作用。

在上面的讨论中，我们忽略了界面态的作用。事实上，界面态可以从两个方面影响 MOS C-V 特性：界面态电荷对偏压的屏蔽作用和界面态的电容效应。当偏压 V_G 改变时，表面势 V_S 改变，因而费米能级在禁带中的位置发生改变，界面态的填充几率就要发生变化，界面态电荷 Q_{SS} 随之发生变化。这就是说，Q_{SS} 是偏压 V_G 的函数。这和 Q_I、Q_{fc} 不同，它们不随 V_G 而改变。Q_I、Q_{fc} 的作用只是影响平带电压，使实际 C-V 曲线相对于理想曲线在形状上发生改变。比如常见的曲线拖长、平台等现象。另一方面，在 C-V 测量中，我们是在偏压 V_C 上迭加交流小信号 dV_C。dV_C 引起 dV_S，从而引起 dQ_{SS}。所以界面态的作用又可以表现为电容 $C_{SS} = A\left|\dfrac{dQ_{SS}}{dV_S}\right|$。

由于界面态是通过和体内交换电子来实现充放电的，它的时间常数较长，通常大于 10^{-6} s，所以界面态电容只在低频或准静态情形下对 MOS 电容有贡献。对于 1MHz 的高频 C-V 测量，通常不考虑界面态电容的影响。

界面态对 C-V 曲线的影响取决于界面态的具体性质，比如态密度 N_{SS}（cm^{-2}·eV^{-1}）、时间常数 τ_{SS} 等。这些性质因样品而异，所以界面态的影响比较复杂。前面提到的 forming gas 退火是减少界面态的有效方法。经过这种退火处理，禁带中部的界面态密度可降低到 10^{10} (cm^{-2}·eV^{-1}) 量级以下，对高频 C-V 测量的影响可以忽略。

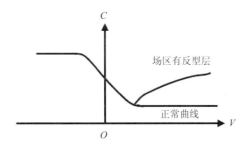

图 12-5　场区反型层对高频 C-V 特性的影响

最后还要特别指出，对于掺杂浓度不是很高（$10^{15}/cm^3$ 或更低）的 P 型 MOS 样品，高频 C-V 特性会出现 C_{mn} 不稳定现象，如图 12-5 所示。其原因是场区（电极以外的区域）存在反型层和正偏压时的正电荷侧向铺伸效应。在这种情况下，为了正确测量 C_{mn}，从而正确地求出衬底掺杂浓度等参数，必须采取措施防止场区反型层的形成。常用的办法是在电极周围再制作一个环型电极（隔离环）。测试时，环上加一定的负电压，使之屏蔽其下氧化层中的正电荷，达到抑制场区反型的目的。对于硅栅 MOS 结构，可以用场区离子注入浓硼的办法防止场区反型。

最近的研究结果表明，禁带中靠近导带底或价带顶附近的界面态，其时间常数可以是μs 量级，因此，即使在 1MHz 的高频 C-V 测量中，也不能忽略界态电容的作用。

【实验内容】

1．测量初始高频 C-V 特性曲线。
2．作正、负 BT 处理。
3．分别测出正、负 BT 处理后的高频 C-V 特性曲线。

【实验步骤】

1．打开各仪器的电源，预热 10 分钟。
2．确定 X-Y 记录仪的零点和量程。
3．根据被测量样品的最大电容数值（用已知的电极面积和氧化层厚度进行估算）选择 C-V 测试仪相应的电容量程，并按照仪器说明书的规定对所选择的电容量程进行校正。
4．根据样品的少子产生寿命确定偏压 C-V 曲线，如图 12-6 所示。通常可选用每秒 100mV 的速率，如果仍得到深耗尽的曲线，则应将速率再放慢，直至得到稳态 C-V 曲线。

5. 作 BT 处理，条件是：150～200℃，恒温 10 分钟。偏压 V_G 的数值根据氧化层厚度来计算，一般认为氧化层中的电场达到10^6 V/cm 可以实现可动离子有效的迁移。若 d_{OX}=100 nm，取 V_G= +10 V（正 BT 处理）或 V_G= –10 V（负BT 处理）。至于先作正 BT 还是先作负 BT，并无特别的规定，通常是先作负BT。正、负 BT 处理之后，分别测量高频 C-V 特性曲线。

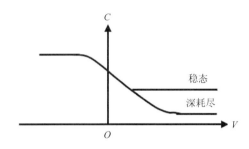

图 12-6　深耗尽 C-V 曲线

【数据分析与处理】

1. 由初始 C-V 曲线，可获得 C_{max} 和 C_{min}。利用式（12-5）和（12-7）可求出氧化层厚度 d_{OX} 和衬底掺杂浓度 N。

2. 利用式（12-8）求出 C_{FB}。

3. 由实验曲线确定 V_{FB2}、V_{FB3} 和 ΔV_{FB}。

4. 查表或计算求出 V_{mS}。

5. 利用式（12-12）和（12-14）分别求出 Q_{fc} 和 Q_I。

实验十三　P-N 结正向特性测试

P-N 结作为最基本的核心半导体器件，得到了广泛的应用，构成了整个半导体产业的基础。在常见的电路中，可作为整流管、稳压管；在传感器方面，可以作为温度传感器、发光二极管、光敏二极管等等。所以，研究和掌握 P-N 结的特性具有非常重要的意义。

P-N 结具有单向导电性，这是 P-N 结最基本的特性。本实验通过测量正向电流和正向压降的关系，研究 PN 结的正向特性：由可调微电流源输出一个稳定的正向电流，测量不同温度下的 P-N 结正向电压值，以此来分析 P-N 结正向压降的温度特性。通过这个实验可以测量出玻尔兹曼常数，估算半导体材料的禁带宽度，以及估算通常难以直接测量的极微小的 P-N 结反向饱和电流；学习到很多半导体物理的知识，掌握 P-N 结温度传感器的原理

【实验目的】

1. 测量同一温度下，正向电压随正向电流的变化关系，绘制伏安特性曲线。
2. 在同一恒定正向电流条件下，测绘 P-N 结正向压降随温度的变化曲线，确定其灵敏度，估算被测 P-N 结材料的禁带宽度。
3. 学习指数函数的曲线回归的方法，并计算出玻尔兹曼常数，估算反向饱和电流。
4. 探究：用给定的 P-N 结测量未知温度。

【实验仪器】

DH-SJ 型温度传感器、P-N 结正向特性综合试验仪。

【实验原理】

1. P-N 结的正向特性

理想情况下，P-N 结的正向电流随正向压降按指数规律变化。其正向电流 I_F 和正向压降 V_F 存在如下近关系式：

$$I_F = I_s \exp\left(\frac{qV_F}{kT}\right) \tag{13-1}$$

其中，q 为电子电荷；k 为玻尔兹曼常数；T 为绝对温度；I_S 为反向饱和电流，它是一个和 P-N 结材料的禁带宽度以及温度有关的系数。可以证明：

$$I_s = CT^{\gamma} \exp\left(-\frac{qV_{g(0)}}{kT}\right) \tag{13-2}$$

其中，C 是与结面积、掺质浓度等有关的常数（γ 也是常数（γ 的数值取决于少数载流子迁移率对温度的关系，通常取 γ=3.4）；$V_{g(0)}$ 为绝对零度时 P-N 结材料的带底和价带顶的电势差，对应的 $qV_{g(0)}$ 即为禁带宽度。

将（13-2）式代入（13-1）式，两边取对数可得

$$V_F = V_{g(0)} - \left(\frac{k}{q}\ln\frac{C}{I_F}\right)T - \frac{kT}{q}\ln T^{\gamma} = V_l + V_{nl} \tag{13-3}$$

其中，$V_l = V_{g(0)} - \left(\frac{k}{q}\ln\frac{C}{I_F}\right)T$，$V_{nl} = -\frac{kT}{q}\ln T^{\gamma}$。

方程（13-3）就是 P-N 结正向压降作为电流和温度函数的表达式，它是 P-N 结温度传感器的基本方程。令 I_F=常数，则正向压降只随温度而变化，但是在方程（13-3）中还包含非线性项 V_{nl}。下面来分析一下 V_{nl} 项所引起的非线性误差。

设温度由 T_1 变为 T 时，正向电压由 V_{F1} 变为 V_F，由（13-3）式可得

$$V_F = V_{g(0)} - \left(V_{g(0)} - V_{F1}\right)\frac{T}{T_1} - \frac{kT}{q}\ln\left(\frac{T}{T_1}\right)^{\gamma} \tag{13-4}$$

按理想的线性温度响应，V_F 应取如下形式

$$V_{\text{理想}} = V_{F1} + \frac{\partial V_{F1}}{\partial T}\left(T - T_1\right) \tag{13-5}$$

$\frac{\partial V_{F1}}{\partial T}$ 等于 T_1 温度时的 $\frac{\partial V_F}{\partial T}$ 值

由（13-3）式求导，并变换可得到

$$\frac{\partial V_{F1}}{\partial T} = -\frac{V_{g(0)} - V_{F1}}{T_1} - \frac{k}{q}\gamma \tag{13-6}$$

所以

$$V_{\text{理想}} = V_{F1} + \left(-\frac{V_{g(0)} - V_{F1}}{T_1} - \frac{k}{q}\gamma\right)\left(T - T_1\right)$$

$$= V_{g(0)} - \left(V_{g(0)} - V_{F1}\right)\frac{T}{T_1} - \frac{k}{q}\left(T - T_1\right)\gamma \tag{13-7}$$

由理想线性温度响应（13-7）式和实际响应（13-4）式相比较，可得实际

响应对线性的理论偏差为

$$\Delta = V_{理想} - V_F = -\frac{k}{q}(T - T_1)\gamma + \frac{kT}{q}\ln\left(\frac{T}{T_1}\right)^\gamma \tag{13-8}$$

设 T_1=300 K，T=310 K，取 γ=3.4，由（13-8）式可得Δ=0.048 mV，而相应的 V_F 的改变量约为 20 mV 以上，相比之下误差Δ很小。不过当温度变化范围增大时，V_F 温度响应的非线性误差将有所递增，这主要由于γ因子所致。

综上所述，在恒流小电流的条件下，P-N 结的 V_F 对 T 的依赖关系取决于线性项 V_l，即正向压降几乎随温度升高而线性下降，这也就是 P-N 结测温的理论依据。

2．求 P-N 结温度传感器的灵敏度，测量禁带宽度

由前所述，我们可以得到一个测量 P-N 结的结电压 V_F 与热力学温度 T 关系的近似关系式：

$$V_F = V_l = V_{g(0)} - \left(\frac{k}{q}\ln\frac{C}{I_F}\right)T = V_{g(0)} + ST \tag{13-9}$$

式中 S（mV/℃）为 P-N 结温度传感器灵敏度。

用实验的方法测出 V_F-T 变化关系曲线，其斜率$\Delta V_F/\Delta T$ 即为灵敏度 S。

在求得 S 后，根据式（13-9）可知

$$V_{g(0)} = V_F - ST \tag{13-10}$$

从而可求出温度 0K 时半导体材料的近似禁带宽度 E_{g0}＝$qV_{g(0)}$。硅材料的 E_{g0} 约为 1.21eV。

必须指出，上述结论仅适用于杂质全部电离，本征激发可以忽略的温度区间（对于通常的硅二极管来说，温度范围约–50～150℃）。如果温度低于或高于上述范围时，由于杂质电离因子减小或本征载流子迅速增加，V_F-T 关系将产生新的非线性，这一现象说明 V_F-T 的特性还随 P-N 结的材料而异，对于宽带材料（如 GaAs，Eg 为 1.43eV）的 P-N 结，其高温端的线性区则宽；而材料杂质电离能小（如 InSb）的 P-N 结，则低温端的线性范围宽。对于给定的 P-N 结，即使在杂质导电和非本征激发温度范围内，其线性度亦随温度的高低而有所不同，这是非线性项 V_{nl} 引起的，由 V_{nl} 对 T 的二阶导数 $\dfrac{d^2V}{dT^2} = \dfrac{1}{T}$ 可知，$\dfrac{dV_{nl}}{dT}$ 的变化与 T 成反比，所以 V_F-T 的线性度在高温端优于低温端，这是 P-N 结温度传感器的普遍规律。此外，由（13-4）式可知，减小 I_F，可以改善线性度，但并不能从根本上解决问题，目前行之有效的方法大致有两种：

1．利用对管的两个 P-N 结（将三极管的基极与集电极短路与发射极组成

一个 P-N 结），分别在不同电流 I_{F1}、I_{F2} 下工作，由此获得两者之差（I_{F1}-I_{F2}）与温度成线性函数关系，即

$$V_{F1} - V_{F2} = \frac{kT}{q} \ln \frac{I_{F1}}{I_{F2}} \qquad (13\text{-}11)$$

本实验所用的 P-N 结也是由三极管的 cb 极短路后构成的。尽管还有一定的误差，但与单个 PN 结相比其线性度与精度均有所提高。

2．采用电流函数发生器来消除非线性误差。由（13-3）式可知，非线性误差来自 T^γ 项，利用函数发生器，I_F 比例于绝对温度的 γ 次方，则 V_F-T 的线性理论误差为Δ=0。实验结果与理论值比较一致，其精度可达 0.01 ℃。

3．求波尔兹曼常数

由式（13-11）可知，在保持 T 不变的情况下，只要分别在不同电流 I_{F1}、I_{F2} 下测得相应的 V_{F1}、V_{F2} 就可求得波尔兹曼常数 k。

$$k = \frac{q}{T} (V_{F1} - V_{F2}) \ln \frac{I_{F2}}{I_{F1}} \qquad (13\text{-}12)$$

为了提高测量的精度，也可根据式（13-1）指数函数的曲线回归，求得 k 值。方法是以公式 $I_F = A \exp(BV_F)$ 的正向电流 I_F 和正向压降 V_F 为变量，根据测得的数据，用 Excel 进行指数函数的曲线回归，求得 A、B 值，再由 A=I_s 求出反向饱和电流，$B = q/kT$ 求出波尔兹曼常数 k。

【实验步骤】

1．实验装置检查与连接

连接实验前，请参照仪器使用说明，将 DH-SJ 型温度传感器实验装置上的"加热电流"开关置"关"位置，将"风扇电流"开关置"关"位置，接上加热电源线。插好 Pt100 温度传感器和 P-N 结温度传感器，两者连接均为直插式。P-N 结引出线分别插入 P-N 结正向特性综合试验仪上的+V、–V 和+I、–I。注意插头的颜色和插孔的位置。

打开电源开关，温度传感器实验装置上将显示出室温 T_R，记录下起始温度 T_R。测量同一温度下，正向电压随正向电流的变化关系，绘制伏安特性曲线；

2．进行实验

为了获得较为准确的测量结果，我们在仪器通电预热 10 分钟后进行实验。先以室温为基准，测量整个伏安特性实验的数据。

首先将 P-N 结正向特性综合试验仪上的电流量程置于×1 挡，再调整电流调节旋钮，观察对应的 V_F 值应有变化的读数。可以按照表 13-1 的 V_F 值来调节

设定电流值，如果电流表显示值到达 1000，可以改用大一挡量程，记录下一系列电压、电流值于表 13-1。由于采用了高精确度的微电流源，这种测量方法可以减小测量误差。

表 13-1　同一温度下正向电压与正向电流的关系　　　　温度单位：℃

序号	1	2	3	4	5	6	7	8
V_F/V	0.350	0.360	0.370	0.380	0.390	0.400	0.410	0.420
I_F/μA								
序号	9	10	11	12	13	14	15	16
V_F/V	0.430	0.440	0.450	0.460	0.470	0.480	0.490	0.500
I_F/μA								
序号	17	18	19	20	21	22	23	24
V_F/V	0.510	0.520	0.530	0.540	0.550	0.560	0.570	0.580
I_F/μA								

注意，在整个实验过程中，都是在室温下测量的。实际的 V_F 值的起、终点和间隔值可根据实际情况微调。

有兴趣的同学也可以再设置一个合适的温度值，待温度稳定后，重复以上实验，测得一组其他温度点的伏安特性曲线。

3. 在同一恒定正向电流条件下，测绘 P-N 结正向压降随温度的变化曲线，确定其灵敏度，估算被测 P-N 结材料的禁带宽度；

选择合适的正向电流 I_F，并保持不变。一般选小于 100 μA 的值，以减小自身热效应。将 DH-SJ 型温度传感器实验装置上的"加热电流"开关置"开"位置，根据目标温度，选择合适的加热电流，在实验时间允许的情况下，加热电流可以取得小一点，如 0.3～0.6A 之间。这时加热炉内温度开始升高，开始记录对应的 V_F 和 T 于表 13-2。为了更准确地记数，可以根据的变化，记录 T 的变化。

注意：在整个实验过程中，正向电流 I_F 应并保持不变。设定的温度不宜过高，必须控制在 120 ℃ 以内。

表 13-2 同一 I_F 下，正向电压与温度的关系　　　　　单位：μA

序号	1	2	3	4	5	6	7	8
$T/℃$								
V_F/V								
序号	9	10	11	12	13	14	15	16
$T/℃$								
V_F/V								
序号	17	18	19	20	21	22	23	24
$T/℃$								
V_F/V								

4. 计算玻尔兹曼常数，学习用 Excel 进行指数函数的曲线回归的方法。

直接计算法：对表 13-1 测得的数据，用公式（13-12），计算出玻尔兹曼常数 $k = $ _____。

曲线拟合法：借用 Excel 程序拟合指数函数。以公式 $I_F = A\exp(BV_F)$ 的正向电流 I_F 和正向压降 V_F 为变量，根据表 1 测得的数据，以 V_F 为 x 轴数据，I_F 为 y 轴数据，用 Excel 进行指数函数的曲线回归，求得 A、B 值，再由 A=I_s，估算出反向饱和电流；$B = q/kT$，求出波尔兹曼常数 k。

Excel 中自动拟合曲线的方法：

1）在 Excel 中将选中需要拟合的正向电压和正向电流数据，依次点击 Excel 程序菜单"插入"——"图表"——"标准类型"——"xy 散点图"——"子表类型"——"无数据点平滑散点图"——"下一步"，出现"数据区域""系列选项"，在"数据区域选项"中，可根据实际的数据区域的排列，选择行或列；在"系列选项"中可填入不同系列的代号，如该曲线测量时的温度值；点击"下一步"，出现"图表选项"，在标题项中，可填入"图表标题""数值（X）轴""数值（Y）轴"内容，如 P-N 结伏安特性、正向电压（V）、正向电流（μA），在"网格线项"中，可选择"主要网格线""次要网格线"；点击"下一步"，可完成曲线的图表绘制。

完成后的图表，如果需要更改，还可以继续设置。双击图表区域，在弹出的绘图区格式中，可以选择绘图区的背景色；双击坐标轴，在弹出的坐标轴格式框中，可设置坐标轴的刻度、起始值等，可根据需要自行设置。

完成以上设置后，在已产生图表中，右键单击"数据曲线"，在右键菜单中，选择添加"趋势线"，在类型菜单中选择要生成曲线的类型，这里选择"指数（X）"，在选项菜单中选中"显示公式""显示 R 平方值"点击"确定"即可显示公式。右键点击公式，点击数据标志格式，选择数字栏的科学计数，小数位数选择 3 位，点击确定，即可根据此公式可求出：

A=_____，B=_____，相关系数 $r = \sqrt{R^2} =$ _____。

估算反向饱和电流 Is =A=_____，波尔兹曼常数 $k = q/BT =$ _____。

5. 求被测 P-N 结正向压降随温度变化的灵敏度 S（mV/K）。

以 T 为横坐标，V_F 为纵坐标，作 V_F-T 曲线，其斜率就是 S。这里的 T 单位为 K。用 Excel 对 V_F-T 数据按公式 $V_F = AT + B$ 进行直线拟合，方法同前，参数可重新设定，建议 X 轴坐标起始点选 270K。在添加趋势线时，在类型菜单中选择线性（L）即可。根据得到的公式，可求出：

A=_____，B=_____，相关系数 $r = \sqrt{R^2} =$ _____。

（1）斜率，即传感器灵敏度 S＝A=_____mV/K；

（2）截距 $V_{g(0)}$ =B=_____V（0K 温度）；

6. 估算被测 P-N 结材料的禁带宽度。

1）由前已知，P-N 结正向压降随温度变化曲线的截距 B 就是 $V_{g(0)}$ 的值。也可以根据公式（13-10）进行单个数据的估算，将温度 T 和该温度下的 V_F 代入 $V_{g(0)} = V_F - ST$ 即可求得 $V_{g(0)}$，注意 T 的单位是 K。

2）将实验所得的 $E_{g(0)} = qV_{g(0)}$ =_____电子伏，与公认值 $E_{g(0)}$ =1.21 电子伏比较，并求其误差。

*7. 探究：用给定的 P-N 结测量未知温度。

实验使用的 P-N 结传感器可以方便地取出。根据实验原理，结合实验仪器，将该 P-N 结制成温度传感器，试用其测量未知的温度。具体过程请自行设定。

实验十四　P-N 结势垒电容的测量

【实验目的】

1．理解不同 P-N 结电容基本原理。
2．测量硅 P-N 结势垒电容与外加偏压的关系。
3．从势垒电容与负偏压系式中求出势垒厚度 δ、杂质浓度或杂质浓度梯度。

【实验仪器】

高频信号发生器、视频毫伏表、可变电容、可变电阻。

【实验原理】

1．P-N 结电容

当加在结两端的电压发生变化时，一方面使结势垒度发生变化，引起了势垒区内空间电荷的变化，这相当于对电容的充放电，因为它是势垒度的变化引起电容量的变化的，所以我们用势垒电容 C_T 来表示这种作用；另一方面也使注入 P 区的电子和注入 N 区空穴数目发生变化，引起 P 区和 N 区的载流子浓度梯度的变化。为维持电中性条件，多数载流子也要作相应的变化，相当于载流子在扩散区中的 "充" 和 "放"，就如同电容的充放电一样。因为它是在扩散区内载流子变化引起的，故称为扩散电容，用 C_D 表示。

P-N 结电容包括势垒电容和扩散电容两部分：

$$C = C_T + C_D$$

当结两端的外加电势为负（即 N 区为正，P 区接负）时，由于 P 区、N 区的少数载流子很少，负电压的变化并不引起 P 区、N 区中电荷有多大的变化，所以扩散电容很小，相对势垒电容来讲，扩散电容可以忽略，即：$C = C_T + C_D \approx C_T$。所以，在外加负偏压的条件下测得的 P-N 结电容认为是 P-N 结势垒电容。

势垒电容 C_T 与势垒区厚度 δ 的关系同平行板电容器一样：

$$C_T = \frac{\varepsilon \varepsilon_0 A}{\delta} \tag{14-1}$$

式中，ε 是硅的相对介电常数（$\varepsilon = 12$）；ε_0 是真空介电常数（$\varepsilon_0 = 8.85 \times 10^{-2}\,\text{pF/cm}$）；

A 是 P-N 结的结面积，用 cm^2 作单位；δ 是势垒厚度，用 cm^2 作单位。

P-N 结势垒区的厚度 δ 是随外加电压的变化而变化的，它的变化规律与 P-N 结两边的杂质浓度的大小及杂质的分布状况有关。对于 Ge：$\varepsilon=16$，单位电荷 $q=1.6\times10^{-19}$ 库仑。

下面介绍两种比较理想的 P-N 结，即突变结和线性缓变结的势垒电容随外加电压的变化规律。

2. 突变结

在 P 区和 N 区的杂质浓度是均匀的，而且 P 区和 N 区的界面上杂质浓度有一个突变，这样的 P-N 结叫做突变结。它的杂质分布情况如图 14-1 所示。

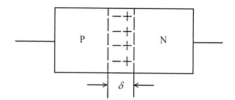

图 14-1 突变结示意图

其中 P 区的杂质浓度为 N_p，N 区的杂质浓度为 N_n，在 P 区与 N 区的交界面附近形成一个势垒区，它在 P 区和 N 区的扩散距离分别是 δ_1 和 δ_2，如图 14-3 所示。势垒区厚度 $\delta=\delta_1+\delta_2$。设势垒区中近似耗尽层，且 $N_n>>N_p$，那么 $\delta_1>>\delta_2$。这表明势垒区主要向杂质浓度低的一边扩展。$\delta=\delta_1+\delta_2\approx\delta$。即势垒厚度只与 P 区杂质浓度 N_p 有关而与 N 区的杂质浓度 N_n 无关。

对突变结，若 $N_n>>N_p$，势垒厚度 δ 与杂质浓度 N_p 以及外加电压的关系可以用下式表示：

$$\delta=\left[\frac{2\varepsilon\varepsilon_0}{q}(V_D-V)\right]^{\frac{1}{2}} \qquad (14-2)$$

式中，V_D 是内建电势差，对于二氧化硅，$V_D\approx0.8/$伏特；V 是外加电压，以伏特为单位。把式（8-2）代入式（14-1），就可以得到突变结的势垒电容公式：

$$C_T=A\left[\frac{\varepsilon\varepsilon_0 q\cdot N_p}{2(V_D-V)}\right]^{\frac{1}{2}} \qquad (14-3)$$

本实验测量的一种样品就是合金结的 P-N 结，合金结是一种突变结，而且是 N^--P 结，满足 $N_n>>N_p$ 的要求，所以（8-1）以及（8-2）式都适用。

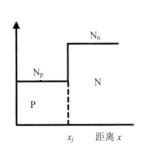

图 14-2 突变结掺杂浓度分布示意图

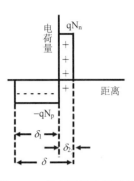

图 14-3 突变结结构示意图

3. 缓变结

如果杂质分布由 P 区过渡到 N 区是逐渐变化的，即具有一定的浓度梯度 a_j，这样的 P-N 结叫作缓变结。如果杂质浓度随距离的变化是线性变化的，叫做线性缓变结。线性缓变结的杂质分布如图 14-4 所示。

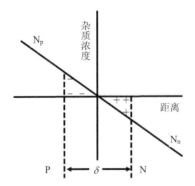

图 14-4 线性缓变结杂质浓度变化示意图

缓变结的势垒是向 P-N 结的两边扩散的。它的厚度与杂质浓度梯度 a_j 有关。a_j 越小，δ 就越大，当势垒区为耗尽层近似时，线性缓变结的势垒区厚度 δ 与杂质浓度梯度 a_j 以及外加电压的关系如下时所示：

$$\delta = \left[\frac{12\varepsilon\varepsilon_0}{q \cdot a_j}(V_D - V)\right]^{\frac{1}{3}} \tag{14-4}$$

把式（14-4）代到式（14-1），就可以得到线性缓变结的势垒电容公式：

$$C_T = A\left[\frac{\varepsilon^2\varepsilon_0^2 q \cdot a_j}{12(V_D - V)}\right]^{\frac{1}{3}} \tag{14-5}$$

本实验测量的另外一种样品是扩散结的 P-N 结，与线性缓变结的情况基本相同，所以式（14-4）及式（14-5）都适用。

【测试方法】

我们利用替代法测量 P-N 结电容，其线路图如图 14-5 所示。

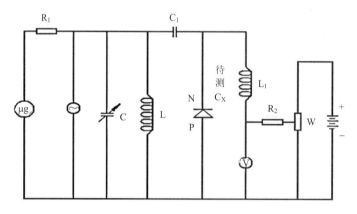

图 14-5　结电容测量电路图

图中"Ug"为标准高频信号发生器；⊙为视频毫伏表；C 为可变电容；Cx 为待测的 P-N 结。

测量前首先把可变电容器旋到最大值（此值用 C' 表示），然后调节讯号频率，使 LC 回路谐振，即"视频毫伏表"指示最大。当接上待测 P-N 结电容 Cx 时，由于 Cx 与可变电容 C 并联，因此使谐振回路失去谐振状态，减小可变电容 C 到某一值（此值用 C'' 表示）会使谐振回路重新谐振。显然，$C_x = C' - C''$，其中 C' 为 C 调到最大值时的电容值。

这里需要指出：

1. 测量时需要满足小信号条件

由于 P-N 结电容与外加电压的关系不是线性的，所以要测量某一偏压 V 下的结电容就应该在这一偏压下加一足够的交流电压。实验中我们用的交流电压为几到十几毫伏。

2. 扣除分布电容 C_s

我们用上述方法测到的 C_x 实际上包括了两部分，一部分是 P-N 结电容，另一部分是分布电容 C_s。在测得 C_x 后，必须扣除分布电容 C_s 才是真正的 P-N 结电容。为扣除 C_s，取一个与待测管同一类型的管壳，测量它的电容就是分布电

容 C_s，于是 P-N 结电容 C_T 为：

$$C_T = C_x - C_s$$

【实验步骤】

1. 开启标准信号发生器和视频毫伏表电源，使之预热待用。

2. 按图 14-5 连好电路。

3. 旋转可变电容 C 到最大值 C'，调节标准高频讯号发生器，使 LC 网络发生谐振，即视频毫伏表指示最大。

4. 接上待测二极管（比如锗合金二极管），并调节电位器 W 使 P-N 结直流偏压为 0.2 伏，旋转可变电容 C 到 C''，谐振回路重新谐振。于是 $C_x = C' - C''$。

5. 调节 W 使 P-N 结的直流偏压为 0.4，0.6，1.0，3.0，6.0，10，15，20 V，并在每个偏压下测量 C_x 值。

6. 使偏压由大到小，重新测量各偏压下的电容值 C_x，每个偏压下的电容值去对应偏压下两次测量的平均值。

7. 测量同类管壳的分布电容，求出各偏压下的结电容 C_T。

8. 测量扩散结三极管 $3DG_{12}$ 发射结的势垒电容。

9. 按测量 $3AX_{31}$ 的方法先测量 $3DG_{12}$ 发射结在各偏压下的结电容 C_x。

10. 在双对数纸上做出结电容 C_T 与偏压 V 的关系曲线。

11. 由二极管结面积和–6 伏下的结电容 C_T 值，求出势垒厚度 δ 及杂质浓度 N_p 或浓度梯度 a_j。

锗 P-N 结内建电势差 $V_D = 0.3$ V

硅 P-N 结内建电势差 $V_D = 0.8$ V

$3AX_{31}$ 发射结面积 $A = 5 \times 10^{-3}$ cm^2

$3DG_{12}$　$Ac = 1.5 \times 10^{-2}$ cm^2

注意：V 是反向偏压，负值。所以，$V_D - V = V_D + |V|$

【思考题】

1. 图 14-5 中各元件的作用。

2. 如何用本实验求内建电势差 V_D。

实验十五 表面势垒二极管的伏安特性

【实验目的】

1. 测量金属半导体表面势垒二极管的伏安特性。
2. 用伏安特性法测量 n 因子及金属半导体接触势垒高度。

【实验仪器】

直流稳压电源，数字电压表，电阻，肖特基二极管，电位器。

【实验原理】

1. 金属-半导体接触势垒

如果 N 型半导体同一个功函数比它大的金属接触，由于 WB>Wn（WB 是金属的功函数，Wn 是 N 型半导体的功函数），电子在 $W_{Bn}=W_B-Wn$ 的作用下，从半导体内跑到金属中去。达到平衡时，金属的费米能级$(E_F)_B$同半导体的费米能级$(E_F)n$ 相等，半导体表面因缺少了电子而带正电，金属表面则因多余电子而带负电，在金属和半导体之间就有接触电势差。

当金属同半导体的接触距离等于零时，形成的势垒主要在半导体中靠近表面的一个区域内，因为电子从半导体跑到金属后，金属所带的负电荷和半导体所带的正电荷相等，半导体中的正电荷就是电离的施主杂质，它的浓度比金属中载流子的浓度低好几个量级。在金属中，积累的负电荷集中在表面很薄的一层（大约几埃），而半导体中这电荷层要扩展到几千埃，这个区域叫做空间电荷区。金属同半导体的接触电势差主要降在这个区域中。在空间电荷区中电场的方向是半导体指向金属表面，它阻挡电子继续从半导体跑到金属中去。从能量来看，电子在空间电荷取的电势能是随距离变化的，越是接近表面，势能越高。如图 15-1 所示。我们定义Φn 为势垒高度，它是决定金属半导体接触的一个重要参量。本实验就是用伏安特性法来确定势垒高度。

实际的金属-半导体接触还要考虑表面态和界面态的影响，他们的作用可参阅有关的教材，这里就不再重复。

表面势垒二极管的伏安特性公式在外加正向偏压比较大时为

$$I = I_0 e^{qv/kT} \tag{15-1}$$

这是理想的伏安特性公式，但实际的伏安特性没有如此理想。主要是由下面三点原因造成的：（1）n 因子偏离；（2）正向串联电阻大；（3）反向漏电流大。

实际测量得到的关系是

$$I = I_0 e^{qv/nkT} \tag{15-2}$$

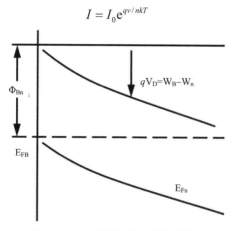

图 15-1　金属半导体接触能带图

在指数项中指数的分母上多了一个因子 n，n 一般比 1 略大一些，从正向特性实际表达式中可以看出，正向电流随电压的上升比理想的情况来得缓慢些，n 因子可以由伏安特性的测量中求得。

2. 测量方法

测试线路图如图 15-2 所示。

用数字电压表测二极管正向电压 V 和 50K 电阻上的电压 V_R，由此可以求得通过二极管的电流 $I = \dfrac{V_R}{50 \times 10^3}$。

测得一组 I 和 V 后，在半对数纸上作图，可得直线，如图 15-3 所示。

取 I-V 线上距离比较远的任意两点，设他们的坐标分别是 (V_1, I_1) 及 (V_2, I_2)，由于 Y 轴（电流轴）是对数坐标，因此求斜率时，电流要取对数，即斜率 m 是

$$m = \frac{\ln I_2 - \ln I_1}{V_2 - V_1} \tag{15-3}$$

（15-2）式两边取对数：$\ln I = \ln I_0 + qV/nkT$，在 lnI-V 曲线中直线的斜率就是 q/nkT，即 $m = q/nkT$.

$$n = \frac{q}{kT} \frac{1}{m} \tag{15-4}$$

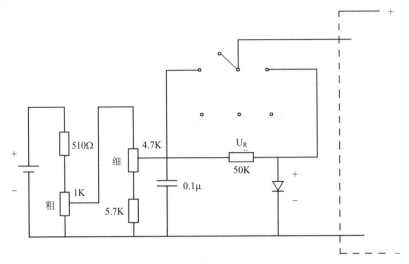

图 15-2　测试线路图

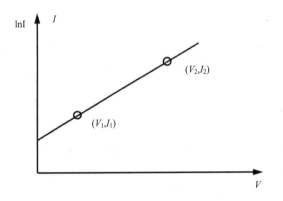

图 15-3　ln$I$-V 曲线

因此，从直线的斜率就可以求得 n 因子。

$$I_n = AST^2 \exp(\frac{-q\Phi B_n}{kT}) \tag{15-5}$$

式中，A 是理查逊常数，$A=8.7$ A/cm^2；S 是势垒二极管的结面积，以 cm^2 为单位；T 是测试的温度，用绝对温度 K 表示；k 等于 8.63×10^{-6} eV/度；ΦB_n 是势垒高度。图上读得截距是 I_0。则 ΦB_n 可表示成：

$$\Phi B_n = \frac{kT}{q}\ln(\frac{AST^2}{kT}) \tag{15-6}$$

必须注意（15-3）及（15-6）式取的是自然对数，常用对数与自然对数的关系是 l nA=lg A/lge。

【实验步骤】

1. 数字电压表接电源，电源开关接通，并校正待用。
2. 按图 15-2 接好电路。
3. 把表面势垒二极管接入电路，注意正负电极。
4. 把开关分别打到测量 I 和测量 V 上，调节粗调和细调电位器，测的一组 I 和 V 值，用图解法求出 n 及 ΦB_n 的值所用 2EK 二极管结面积为 5×1^{-3} cm^2。

【思考题】

1. 金属和半导体接触时，为什么在半导体表面会产生空间电荷层？
2. 表面势垒二接管外加电压后，势垒有何变化？电流是如何流动的？
3. 实际的金半接触伏安特性与理想的有何区别？
4. 实际的金半接触势垒高度同简单的模型有什么偏离？
5. 本实验为什么要用半对数纸作图？如何选取比较合理？
6. 为什么正向连接的二极管，在小电流时阻抗很大？而在大电流的时候阻抗很小？

实验十六　晶体管特征频率的测量

【实验目的】

1. 通过实验进一步了解特征频率 f_T 的物理意义并掌握其测量方法。
2. 通过实验了解 f_T 随偏流、偏压的变化情况。

【实验仪器】

高频信号发生器，高频毫伏表，测试台

【实验原理】

1. 晶体管特征频率

晶体管有高频管和低频管之分，一般来说低频管只能用在 3 MHz 以下的频率范围；而高频管则可以用到几十或者几百 MHz 的高频范围，有时称超过 75 MHz 的晶体管为超高频晶体管。如果使用频率超过了晶体管的频率范围，则晶体管的放大特性就显著地变坏，甚至无法使用。晶体管放大特性的变坏，是由于信号频率超过某一值以后，晶体管的电流放大系数开始下降而造成的。晶体管的共射极电流放大系数 β 与信号频率 f 间的关系为

$$\beta = \frac{\beta_0}{1 + j\dfrac{f}{f_\beta}} \tag{16-1}$$

式中，β_0 为低频是的电流放大系数；f_β 为共射极的截止频率（也就是共射极电流放大系数 β 下降到 $\beta_0/\sqrt{2}$ 或 $0.707\beta_0$ 的频率）。图 16-1 画出了晶体管发射极电流放大系数 β 随频率的变化曲线。由图可见，在频率比较低时，β 基本不随频率变化，它的数值被定义为 β_0。当频率比较高时，β 值随频率 f 升高而下降。如果信号频率超过发射极截止频率 f_β，晶体管的共射极电流放大系数 β 就比低频时的 β_0 小得多。但是，f_β 并不是晶体管所能使用的最高频率，因为 f_β 下的 β 值（即 $0.707\beta_0$）仍比 1 大得多，所以晶体管此时还是有电流放大作用的。晶体管的实际使用频率可以比 f_β 高。

由 16-1 式可见，当频率远大于 f_β（比如 $f>2f_\beta$ 就可以认为 $f \gg f_\beta$），时有

$$f\beta = f\beta_0 = 常数 \tag{16-2}$$

因为 f_T 是 β 等于 1 的 f 值，因此上式中的常数就是 f_T。所以

$$\beta f = f_T \tag{16-3}$$

比较确切地反映了晶体管的频率特性。当频率低于 f_T 时，电流放大系数 $\beta>1$，晶体管有电流放大作用；当 $f>f_T$，$\beta<1$，没有电流放大作用，所以特征频率 f_T 是晶体管可以起电流放大作用的最高频率的限度，是共射极电路设计的一个重要依据。

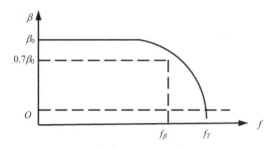

图 16-1　晶体管的共射极电流放大系数 β 与信号频率 f 间的关系

f_T 作为晶特管的频率参数的另一个优点是测量比较方便。由公式（16-3）可以看出，我们并不需要去测量 $\beta=1$ 时的频率来测量 f_T，而只要在比 f_β 高几倍（如比 $f\beta$ 高两倍以上）任一频率 f 时测量 β 值，然后求出 β 与 f 的积就可以了。例如某一晶体管的 f_T 为 100 MHz，而 $\beta_0=20$。如果我们需要测出该 f_T 时，我们不必直接测出 $\beta=1$ 时的 f 值，而只需要在高于 10 MHz（从公式（16-1）可以求得 f_β 为 5 MHz）的某一频率下测出对应的 β 值就可以了。

f_T 也被称为"增益宽带乘积"。因为 β 反映了晶体管对电流的增益作用，f 代表了从低频起到某一频率 f 的频带宽度。所以 β 和 f 的乘积就代表了增益带宽乘积。例如某一电路中要求晶体管的 β 大于 10，带宽是 0～60 MHz，则该晶体管的特征频率应大于 600 MHz。

晶体管的电流放大系数随信号频率增高而下降，有如下四种原因。

（1）发射结势垒电容的充放电引起发射效率的下降。根据晶体管的等效电路，我们知道 P-N 结的势垒电容是并联在 P-N 结电阻上的。如图 16-2 所示。显然交流信号 I_e 的一部分流过势垒电容 C_T，它不参加基区输运。因此使注入到基区的电子扩散流在总电流中的比例下降了。频率越高，C_T 容抗越小，通过 C_T 的电流越大，电流放大系数就越小。

交流电流通过 C_T 就是要对 C_T 充电和放电，充电和放电所用时间越长，C_T

对电流放大系数的影响就越大。C_T充电和放电的时间为发射结的延迟时间，用τ_c表示：

$$\tau_c = \tau_e C_T \tag{16-4}$$

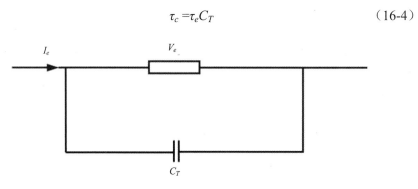

图 16-2　晶体管等效电路

（2）基区渡越时间使基区输运系数下降。扩散通过基区的少子具有与其有效质量及迁移率相关联的一定的惯性，如果加到发射结上的电压的频率不断地增加，载流子对外讯号就不能瞬间响应。其结果造成物理滞后，使复合增加，电流增益下降。这个滞后时间也称基区延迟时间，用τ_b表示：

$$\tau_b = \frac{W^2}{2.44 D_n} \quad （均匀基区） \tag{16-5}$$

$$\tau_b = \frac{W^2}{5 D_n} \quad （线性缓变基区，如平面管） \tag{16-6}$$

其中W是有效基区宽度，D_n是电子在基区中的扩散系数。

（3）集电极势垒渡越时间使电流放大系数下降。基区中的少子输运到集电结边界后，还要越过集电结势垒区，才能到达集电区。这是需要时间的。因此在高频讯号下，必将引起势垒区中电荷积累的迅速变化，所以需要有部分少子电流去提供这一积累，使越过势垒区能到达集电区的少子数目比由基区输运来的少了。因此使电流放大系数下降了。渡越集电结势垒区的时间可由下式表示：

$$\tau_d = \frac{\delta_0}{2 U_m} \tag{16-7}$$

式中，δ_0是集电结势垒厚度；U_m是越过集电结势垒区的最大速率。

（4）集电结势垒电容的影响。和发射结相似，集电结还存在势垒电容 C_T和集电极体电阻 r_{ce}，所以电流越过集电结后还不能全部变成有用的 I_c，有一部分还要对势垒电容 C_T充放电，引起电流放大系数的下降和电流的延迟，延迟时间为

$$\tau_c = r_{ce} \cdot C_T \qquad (16\text{-}8)$$

考虑到上述四项因素，可以得到特征频率的表达式如下

$$f_T = \frac{1}{2\pi(1+m)(\tau_e + \tau_b + \tau_d + \tau_c)} \qquad (16\text{-}9)$$

式中 m 是超相移因子，对于硅平面管，$m=0.4$，所以

$$f_T = \frac{1}{2\pi \times 1.4 \times (\gamma_e C_T + \dfrac{W^2}{5D_n} + \dfrac{\delta_n}{2U_m} + r_{ce}C_T)} \qquad (16\text{-}10)$$

理论（如公式 16-10）和实验均证明特征频率与晶体管的工作点有密切关系。在使用中我们可以选择适当的工作点使 f_T 最大。

图 16-3 显示了特征频率与集电极电流的关系曲线。电流比较小时，f_T 随 I_c 的增加而增加，这是由于 I_c 的增加使 τ_c 变小之故；电流较大时，f_T 变化减小了；当电流更大时，f_T 随 I_c 的增加而下降。这有两种原因，一是大注入效应使管子的 β 下降，从而使 f_T 也降低了；二是基区扩展效应使基区渡越时间增加，从而引起 f_T 的下降。究竟哪种原因其主要作用，则视晶体管的结构而定。如小功率晶体管，往往是前者起主要作用；高反压管往往是后者起主要作用。

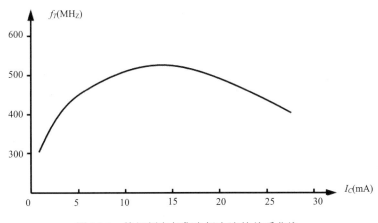

图 16-3　特征频率与集电极电流的关系曲线

图 16-4 画出了特征频率与集电极电压的关系曲线。由图可见，随电压升高，f_T 也升高。这是由于集电极电压的增加，集电极势垒变宽，使基区有效宽度 W 减小造成的。

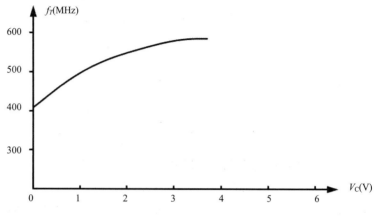

图 16-4　特征频率与集电极电压的关系曲线

2．实验线路

图 16-5 是测量 f_T 的简单装置，其中 U_g 是标准高频讯号发生器；ⓣ是高频微伏表。因讯号频率较高，所以该电路的交流等效电路如图 16-6 所示。

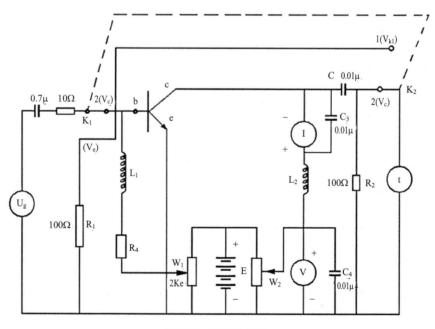

图 16-5　实验线路图

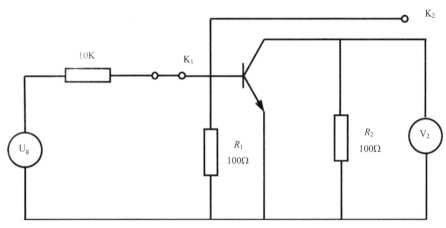

图 16-6　测试电路的交流等效电路图

在同轴开关 K_1、K_2 置于 U_e 时，高频微伏表①可测得 R_2 上的电压，并进而求出 I_c 值，即 $I_c = \dfrac{U_c}{R_2}$，此时的基极电流为：

$$I_b = \frac{U_g}{10k\Omega + h_{ie}} = \frac{U_2}{\beta R_2} \qquad (16\text{-}11)$$

当 K_1、K_2 置于 "V_{R1}" 时，高频微伏表①可以测得 R_1 上的电压并就而求出 I_b 值，即 $I_b = V_{R1}/R_1$。

又因为

$$I_{R1} = \frac{V_g}{R_2 + R_1} = \frac{V_g}{R_2}$$

所以

$$I_b = \frac{V_{R1}}{R_2}$$

因此

$$\beta = \frac{I_c}{I_b} = \frac{V_c}{V_{R1}} \cdot \frac{R_1}{R_2} = \frac{V_c}{V_{R1}} \qquad (16\text{-}12)$$

【实验步骤】

1．连接线路

接通"标准高频讯号发生器"和"高频微伏表"电源预热待用。然后按图 16-5 接好电路。

把"标准高频讯号发生器"和"高频微伏表"的频率指示调到 15 MHz（在

此频率下，3DG$_{12}$晶体管的β<10，而其β_0<20；3DG$_6$晶体管的β<15，而其β_0>30。所以无论对 3DG$_{12}$晶体管还是对 3DG$_6$晶体管，f=15 MHz 都是远大于其f_β的）。

2．测试 f_T 随偏流 I_c 的变化规律：

①插入被测 3DG$_6$晶体管，注意管脚不要插错。

②固定偏压 U_{co}=3 V，改变 I_B（从而也改变了 I_c）读出不同的 I_c下的 f_T值。

③把偏压 V_{co}再调到 6 伏，改变 I_c读出不同电流下的 f_T值。

④把被测晶体管改为 3DG$_{12}$晶体管，重复②、③两步。

3．测量 f_T 随偏压的变化规律

①把 3DG$_{12}$晶体管的偏流 I_c分别固定为 3 mA，5 mA，改变偏压 V_{ce}，读出不同偏压下的 f_T值。

②把被测晶体管改为 3DG$_6$晶体管，重复①的步骤。

【数据处理与分析】

画出 3DG$_{12}$晶体管和 3DG$_6$晶体管的 f_T-I_c 和 f_T-V_{ce}关系曲线。并解释 f_T-I_c 和 f_T-V_{ce} 的规律。

【思考题】

1．定性说明均匀基区晶体管与平面晶体管的基区渡越时间的差异。

2．在 f_T-I_c关系中，如何用实验方法判断 f_T的下降是由大注入效应还是基区扩展效应引起的？

3．试说明电路图中各电容和电感的作用，请说明电阻 R_2 不能选得太大的原因。

实验十七　光电器件性能测试

【实验目的】

1．了解光敏二极管、三极管的结构及工作原理。
2．掌握常用光敏器件的基本特性和测试方法。

【实验仪器】

光电二、三极管综合实验仪，光通路组件，光照度计。

【实验原理】

1．概述

随着光电子技术的飞速发展，光电检测在灵敏度、光谱响应范围及频率等技术方面要求越来越高，为此，近年来出现了许多性能优良的光伏检测器，如硅锗光电二极管、PIN 光电二极管和雪崩光电二极管（APD）等。光敏晶体管通常指光电二极管和光电三极管，通常又称光敏二极管和光敏三极管。

光敏二极管的种类很多，就材料来分，有锗、硅制作的光敏二极管，也有Ⅲ-Ⅴ族化合物及其他化合物制作的二极管。从结构来分，有 P-N 结、PIN 结、异质结、肖特基势垒及点接触型等。从对光的响应来分，有用于紫外光、红外光等种类。不同种类的光敏二极管，具有不同的光电特性和检测性能。例如，锗光敏二极管与硅光敏二极管相比，在红外光区域有很大的灵敏度。这是由于锗材料的禁带宽度较硅小，它的本征吸收限处于红外区域，因此在近红外光区域应用；再一方面，锗光敏二极管有较大的电流输出，但它比硅光敏二极管有较大的反向暗电流，因此，它的噪声较大。又如，PIN 型或雪崩型光敏二极管与扩散型 P-N 结光敏二极管相比具有很短的时间响应。因此，在使用光敏二极管前了解其类型及性能是非常重要的。

光敏二极管和光电池一样，其基本结构也是一个 P-N 结。与光电池相比，它的突出特点是结面积小，因此它的频率特性非常好。光生电动势与光电池相同，但输出电流普遍比光电池小，一般为数微安到数十微安。按材料分，光敏二极管有硅、砷化铅光敏二极管等许多种，由于硅材料的暗电流温度系数较小，工艺较成熟，因此在实际中使用最为广泛。

光敏三极管与光敏二极管的工作原理基本相同，工作原理都是基于内光电效应，和光敏电阻的差别仅在于光线照射在半导体 P-N 结上，P-N 结参与了光电转换过程。

2. 光电二、三极管的工作原理

光生伏特效应：光生伏特效应是一种内光电效应。光生伏特效应是光照使不均匀半导体或均匀半导体中光生电子和空穴在空间分开而产生电位差的现象。对于不均匀半导体，由于同质的半导体不同的掺杂形成的 P-N 结、不同质的半导体组成的异质结或金属与半导体接触形成的肖特基势垒都存在内建电场，当光照射这种半导体时，由于半导体对光的吸收而产生了光生电子和空穴，它们在内建电场的作用下就会向相反的方向移动和聚集而产生电位差。这种现象是最重要的一类光生伏特效应。均匀半导体体内没有内建电场，当光照射时，因光生载流子浓度梯度不同而引起载流子的扩散运动，且电子和空穴的迁移率不相等，使两种载流子扩散的速度不同从而导致两种电荷分开，出现光生电势，这种现象称为丹倍效应。此外，如果存在外加磁场，也可使得扩散中的两种载流子向相反方向偏转，从而产生光生电势。通常把丹倍效应和光磁电效应称为体积光生伏特效应。光电二极管和光电三极管即为光电伏特器件。

光敏二极管的结构和普通二极管相似，只是它的 P-N 结装在管壳顶部，光线通过透镜制成的窗口，可以集中照射在 P-N 结上，图 17-1（a）是其结构示意图。光敏二极管在电路中通常处于反向偏置状态，如图 17-1（b）所示。

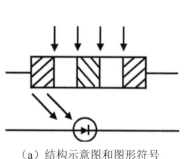
（a）结构示意图和图形符号

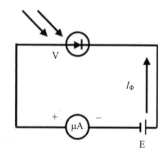
（b）基本电路

图 17-1　光敏二极管

我们知道，P-N 结加反向电压时，反向电流的大小取决于 P 区和 N 区中少数载流子的浓度，无光照时 P 区中少数载流子（电子）和 N 区中的少数载流子

（空穴）都很少，因此反向电流很小。但是当光照 P-N 结时，只要光子能量 h 大于材料的禁带宽度，就会在 P-N 结及其附近产生光生电子-空穴对，从而使 P 区和 N 区少数载流子浓度大大增加，它们在外加反向电压和 P-N 结内电场作用下定向运动，分别在两个方向上渡越 P-N 结，使反向电流明显增大。如果入射光的照度变化，光生电子-空穴对的浓度将相应变动，通过外电路的光电流强度也会随之变动，光敏二极管就把光信号转换成了电信号。

光敏三极管有两个 P-N 结，因而可以获得电流增益，它比光敏二极管具有更高的灵敏度。其结构如图 17-2（a）所示。

当光敏三极管按图 17-2（b）所示的电路连接时，它的集电结反向偏置，发射结正向偏置，无光照时仅有很小的穿透电流流过，当光线通过透明窗口照射集电结时，和光敏二极管的情况相似，将使流过集电结的反向电流增大，这就造成基区中正电荷的空穴的积累，发射区中的多数载流子（电子）将大量注入基区，由于基区很薄，只有一小部分从发射区注入的电子与基区的空穴复合，而大部分电子将穿过基区流向与电源正极相接的集电极，形成集电极电流。这个过程与普通三极管的电流放大作用相似，它使集电极电流是原始光电流的（1+β）倍。这样集电极电流将随入射光照度的改变而更加明显地变化。

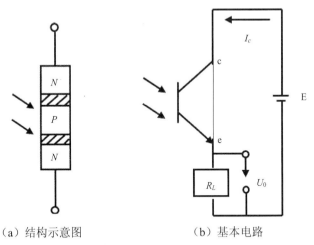

（a）结构示意图　　　　　（b）基本电路

图 17-2　光敏三极管

在光敏二极管的基础上，为了获得内增益，就利用了晶体三极管的电流放大作用，用 Ge 或 Si 单晶体制造 NPN 或 PNP 型光敏三极管。其结构使用电路及等效电路如图 17-3 所示。

光敏三极管可以等效一个光电二极管与另一个一般晶体管基极和集电极并

联，集电极-基极产生的电流，输入到三极管的基极再放大。不同之处是，集电极电流（光电流）由集电结上产生的 $i\varphi$ 控制。集电极起双重作用：把光信号变成电信号起光电二极管作用；使光电流再放大起一般三极管的集电结作用。一般光敏三极管只引出 E、C 两个电极，体积小，光电特性是非线性的，广泛应用于光电自动控制作光电开关应用。

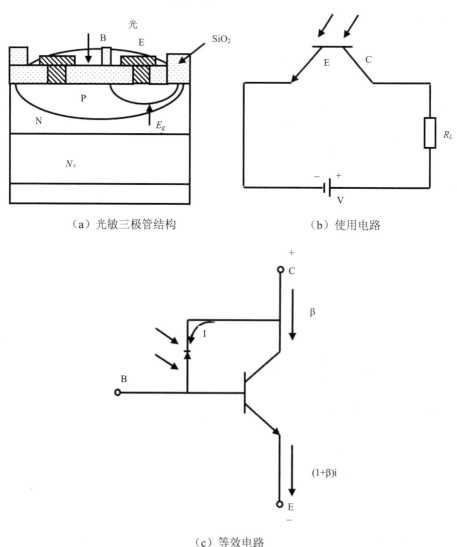

（a）光敏三极管结构   （b）使用电路

（c）等效电路

图 17-3　光敏三极管结构及等效电路

3．光电二、三极管的基本特性

（1）暗电流

光电二、三极管在一定偏压下，当没有光照时，即黑暗环境中，所测得的电流值即为光电二、三极管的暗电流。

（2）光电流

光电二极管在一定偏压下，当有光电照时，所测得的电流值即为光电二、三极管在某特定光照下的光电流。

（3）光照特性

光电二、三极管在一定偏压下，当入射光的强度发生变化，通过光电二、三极管的电流随之变化，即为光电二、三极管的光照特性。反向偏压工作状态下，在外加电压 E 和负载电阻 R_L 的很大变化范围内，光电流与入照光功率均具有很好的线性关系；在无偏压工作状态下，只有 R_L 较小时光电流与入照光功率成正比，R_L 增大时光电流与光功率呈非线性关系。（如图 17-4 所示）

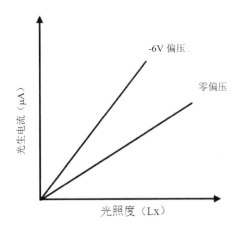

图 17-4　光电二极管的光照特性

（4）伏安特性

在一定光照条件下，光电二、三极管的输出光电流与偏压的关系称为伏安特性。光电二极管的伏安特性的数学表达式如下：

$$I = I_0\left[1 - \exp\left(qV/kT\right)\right] + I_L \qquad (17\text{-}1)$$

其中，I_0 是无光照的反向饱和电流；V 是二极管的端电压（正向电压为正，反向电压为负）；q 为电子电荷；k 为波耳兹常数；T 为 P-N 结的温度，单位为 K；I_L 为无偏压状态下光照时的短路电流，它与光照时的光功率成正比；光电二极管的伏安特性如图 17-5 所示。

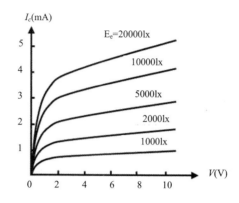

图 17-5 　光电二、三极管的伏安特性曲线

（5）响应时间特性

光敏晶体管受调制光照射时,相对灵敏度与调制频率的关系称为频率特性。减少负载电阻能提高响应频率,但输出降低。一般来说,光敏三极管的频响比光敏二极管差得多,锗光敏三极管的频响比硅管小一个数量级。

实验证明,光电器件信号的产生和消失不能随着光强改变而立刻变化,会有一定的惰性,这种惰性通常用时间常数表示。即当入射辐射到光电探测器后或入射辐射遮断后,光电探测器的输出升到稳定值或下降到照射前的值所需时间称为响应时间。为衡量其长短,常用时间常数 τ 的大小来表示。当用一个辐射脉冲光电探测器,如果这个脉冲的上升和下降时间很短,如方波,则光电探测器的输出由于器件的惰性而有延迟,把从 10% 上升到 90% 峰值处所需的时间称为探测器的上升时间 $t_{上}$,而把从 90% 下降到 10% 所需的时间称为下降时间 $t_{下}$,如图 17-6 所示。

（6）光谱特性

一般光电二三极管的光谱响应特性表示在入射光能量保持一定的条件下,光电二、三极管在一定偏压下所产生光电流与入射光波长之间的关系。一般用相对响应表示,实验中光电二、三极管的响应范围为 400～1100 nm,峰值波长为 800～900 nm,由于实验仪器所提供的波长范围为 400～650 nm,因此,实验所测出的光谱响应曲线呈上升趋势。

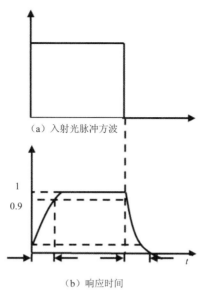

（a）入射光脉冲方波

（b）响应时间

图 17-6　上升时间和下降时间

【实验步骤】

下面的实验内容为光电二极管的实验内容，实验之前请拆卸结构件，将光电二极管结构件装入对应光器件插座中。

1. 光电二极管暗电流测试

实验装置图如图 17-7 所示，但是在实际操作过程中，光电二极管和光电三极管的暗电流非常小，只有 nA 数量级。这样，实验操作过程中，对电流表的要求较高，本实验中，采用电路中串联大电阻的方法，将图 17-7 中的 R_L 改为 20 MΩ，再利用欧姆定律计算出支路中的电流即为所测器件的暗电流，即 $I_{暗}=V/R_L$。

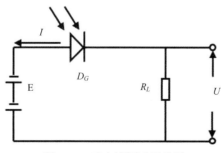

图 17-7　暗电流测试原理图

（1）组装好光通路组件，将照度计显示表头与光通路组件照度计探头输出正负极对应相连（红为正极，黑为负极），将光源调制单元 J4 与光通路组件光源接口使用彩排数据线相连；

（2）"光源驱动单元"的三掷开关 BM2 拨到"静态特性"，将拨位开关 S1，S2，S3，S4，S5，S6，S7 均拨下；

（3）"光照度调节"调到最小，连接好光照度计，直流电源调至最小，打开照度计，此时照度计的读数应为 0；

（4）将电压表直接与电源两端相连，打开电源调节直流电源电位器，使得电压输出为 15V，关闭电源；（注意：在下面的实验操作中请不要动电源调节电位器，以保证直流电源输出电压不变）

（5）按图 17-7 所示的电路图连接电路，负载 R_L 选择 R_L=20 MΩ；

（6）打开电源开关，等电压表读数稳定后测得负载电阻 R_L 上的压降 V 暗，则暗电流 L 暗=V 暗/R_L。所得的暗电流即为偏置电压在 15 V 时的暗电流；

（注意：在测试暗电流时，应先将光电器件置于黑暗环境中 30 min 以上，否则测试过程中电压表需一段时间后才可稳定）

（7）实验完毕，直流电源调至最小，关闭电源，拆除所有连线。

2．光电二极管光电流测试

实验装置原理图如图 17-8 所示。

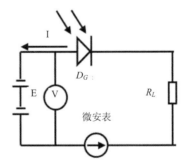

图 17-8　光电流测试电路图

（1）组装好光通路组件，将照度计显示表头与光通路组件照度计探头输出正负极对应相连（红为正极，黑为负极），将光源调制单元 J4 与光通路组件光源接口使用彩排数据线相连。

（2）"光源驱动单元"的三掷开关 BM2 拨到"静态特性"，将拨位开关 S1 拨上，S2，S3，S4，S5，S6，S7 均拨下。

（3）按图 17-8 连接电路图，R_L 取 R_L=1 kΩ。

（4）打开电源，缓慢调节光照度调节电位器，直到光照为 300 lx（约为环境光照），缓慢调节直流调节电位器到电压表显示为 6 V，请出此时电流表的读数，即为光电二极管在偏压 6 V，光照 300 lx 时的光电流。

（5）实验完毕，将光照度调至最小，直流电源调至最小，关闭电源，拆除所有连线。

3．光电二极管光照特性

实验装置原理框图如图 17-8 所示。

（1）组装好光通路组件，将照度计显示表头与光通路组件照度计探头输出正负极对应相连（红为正极，黑为负极），将光源调制单元 J4 与光通路组件光源接口使用彩排数据线相连。

（2）"光源驱动单元"的三掷开关 BM2 拨到"静态"，将拨位开关 S1 拨上，S2，S3，S4，S5，S6，S7 均拨下。

（3）按图 17-8 所示的电路连接电路图，负载 R_L 选择 R_L=1 kΩ。

（4）将"光照度调节"旋钮逆时针调节至最小值位置。打开电源，调节直流电源电位器，直到显示值为 8 V 左右，顺时针调节光照度调节电位器，增大光照度值，分别记下不同照度下对应的光生电流值，填入表 17-1。若电流表或照度计显示为"1＿"时说明超出量程，应改为合适的量程再测试。

表 17-1　光照特性数据表（偏压）

光照度（lx）	0	100	300	500	700	800
光生电流（μA）						

（5）将"光照度调节"旋钮逆时针调节到最小值位置后关闭电源。

（6）将以上连接的电路中改为如图 17-9 连接（即 0 偏压），R_L 取 R_L=1 kΩ。

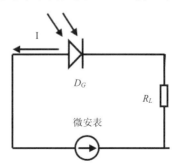

图 17-9　光照特性测试电路原理图

（7）打开电源，顺时针调节该光照度调节旋钮，增大光照度值，分别记下不同照度下对应的光生电流值，填入表 17-2。若电流表或照度计显示为"1__"时说明超出量程，应改为合适的量程再测试。

表 17-2 光照特性数据表（0 偏压）

光照度（lx）	0	100	300	500	700	800
光生电流（μA）						

（8）根据上面两表中实验数据，在同一坐标轴中作出两条曲线，并进行比较。

（9）实验完毕，将光照度调至最小，直流电源调至最小，关闭电源，拆除所有连线。

4．光电二极管伏安特性

实验装置原理框图如图 17-10 所示。

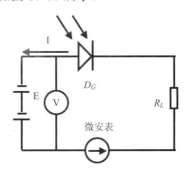

图 17-10　伏安特性测试电路图

（1）组装好光通路组件，将照度计显示表头与光通路组件照度计探头输出正负极对应相连（红为正极，黑为负极），将光源调制单元 J4 与光通路组件光源接口使用彩排数据线相连。

（2）"光源驱动单元"的三掷开关 BM2 拨到"静态"，将拨位开关 S1 拨上，S2，S3，S4，S5，S6，S7 均拨下。

（4）按图 17-10 所示的电路连接电路图，负载 R_L 选择 R_L=2 kΩ。

（5）打开电源顺时针调节照度调节旋钮，使照度值为 500 lx，保持光照度不变，调节电源电压电位器，使反向偏压为 0 V，2 V，4 V，6 V，8 V，10 V，12 V 时的电流表读数，填入表 17-3，关闭电源。

（注意：直流电源不可调至高于 20 V，以免烧坏光电二极管）

表 17-3　伏安特性数据表

偏压（V）	0	–2	–4	–6	–8	–10	–12
光生电流（μA）							

（6）根据上述实验结果，作出 500 lx 照度下的光电二极管伏安特性曲线。

（7）重复上述步骤。分别测量光电二极管在 300 lx 和 800 lx 照度下，不同偏压下的光生电流值，在同一坐标轴作出伏安特性曲线，并进行比较。

（8）实验完毕，将光照度调至最小，直流电源调至最小，关闭电源，拆除所有连线。

5．光电二极管时间响应特性测试

（1）组装好光通路组件，将照度计显示表头与光通路组件照度计探头输出正负极对应相连（红为正极，黑为负极），将光源调制单元 J4 与光通路组件光源接口使用彩排数据线相连。

（2）"光源驱动单元"的三掷开关 BM2 拨到"脉冲"，将拨位开关 S1 拨上，S2，S3，S4，S5，S6，S7 均拨下。

（3）按图 17-11 所示连接电路，负载 R_L 选择 R_L=1 kΩ。

（4）示波器的测试点应为 A 点，为了测试方便，可把示波器的测试点使用叠插头对引至信号测试区的 TP1 和 TP2，TP1 与直流电源的地相连。

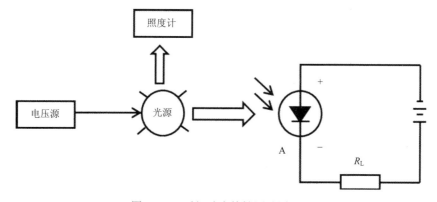

图 17-11　时间响应特性测试原理图

（5）打开电源，白光对应的发光二极管亮，其余的发光二极管不亮。用示波器的第一通道上接 TP 和 GND（即为输入的脉冲光信号），用示波器的第二通道接 TP2。

（6）观察示波器两个通道信号，缓慢调节直流电源电位器直到示波器上观察到信号清晰为止，并作出实验记录（描绘出两个通道波形）。

（7）缓慢调节脉冲宽度调节，增大输入脉冲的脉冲信号的宽度，观察示波器两个通道信号的变化，并作出实验记录（描绘出两个通道的波形）并进行分析。

（8）实验完毕，关闭电源，拆除导线。

6. 光电二极管光谱特性测试

当不同波长的入射光照到光电二极管上，光电二极管就有不同的灵敏度。本实验仪采用高亮度 LED（白、红、橙、黄、绿、蓝、紫）作为光源，产生 400~630 nm 离散光谱。

光谱响应度是光电探测器对单色入射辐射的响应能力。定义为在波长 λ 的单位入射功率的照射下，光电探测器输出的信号电压或电流信号。即为

$$\Re_v(\lambda) = \frac{V(\lambda)}{P(\lambda)} \text{ 或 } \Re_i(\lambda) = \frac{I(\lambda)}{P(\lambda)} \tag{17-2}$$

式中，$P(\lambda)$ 为波长为 λ 时的入射光功率；$V(\lambda)$ 为光电探测器在入射光功率 $P(\lambda)$ 作用下的输出信号电压；$I(\lambda)$ 则为输出用电流表示的输出信号电流。

本实验所采用的方法是基准探测器法，在相同光功率的辐射下，则有

$$\Re(\lambda) = \frac{UK}{U_f} \Re_f(\lambda) \tag{17-3}$$

式中，U_f 为基准探测器显示的电压值；K 为基准电压的放大倍数；$\Re_f(\lambda)$ 为基准探测器的响应度。取在测试过程中，U_f 取相同值，则实验所测试的响应度大小由 $\Re(\lambda) = U\Re_f(\lambda)$ 的大小确定。图 17-12 为基准探测器的光谱响应曲线。

（1）组装好光路组件，将照度计显示表头与光通路组件照度计探头输出正负极对应相连（红为正极，黑为负极），将光源调制单元 J4 与光通路组件光源接口使用彩排数据线相连。

（2）"光源驱动单元"的三掷开关 BM2 拨到"静态特性"，将拨位开关 S1，S2，S4，S3，S5，S6，S7 均拨下。

（3）将直流电源正负极直接与电压表相连，打开电源，调节电源电位器至电压表为 10 V，关闭电源。

（4）按图 17-13 连接电路，R_L 取 R_L=100 kΩ。

（5）打开电源，缓慢调节光照度调节电位器到最大，依次将 S2，S3，S4，S5，S6，S7 拨上后拨下，记下当上述开关拨向上时，照度计读数最小时照度计的读数 E 作为参考。

（注意：请不要同时将两个拨位开关拨上）

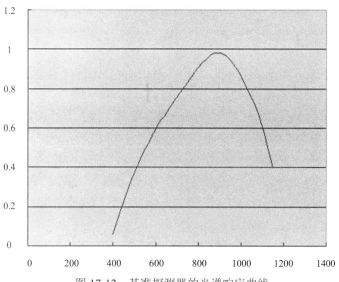

图 17-12 基准探测器的光谱响应曲线

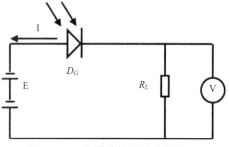

图 17-13 光谱特性测试电路图

（6）S2 拨上，缓慢调节电位器直到照度计显示为 E，将电压表测试所得的数据填入下表，再将 S2 拨下；

（7）重复操作步骤（6），分别测试出橙，黄，绿，蓝，紫在光照度 E 下电压表的读数，填入表 17-4。

表 17-4 光谱特性测试数据表

波长（nm）	红（630）	橙（605）	黄（585）	绿（520）	蓝（460）	紫（400）
基准响应度	0.65	0.61	0.56	0.42	0.25	0.06
R 电压（mV）						
光电流（U/R）						
响应度						

（8）根据所测试得到的数据，做出光电二极管的光谱特性曲线。

【注意事项】

1. 当电压表和电流表显示为"1__"时说明超过量程，应更换为合适量程；

2. 连线之前保证电源关闭。

3. 实验过程中，请勿同时拨开两种或两种以上的光源开关，这样会造成实验所测试的数据不准确。

4. 光电二极管偏压不要接反。

实验十八　MOS管静态参数测试

【实验目的】

1. 加深对 MOS 管的工作原理的理解。

2. 通过测量增强型、耗尽型 MOS 场效应管的 I_D、V_{GS}、V_D 值的变化，绘制输出特性曲线和转移特性曲线。

【实验仪器】

直流稳压电源、毫伏表、毫安表。

【实验原理】

1. MOS 管的特性曲线

（1）输出特性曲线

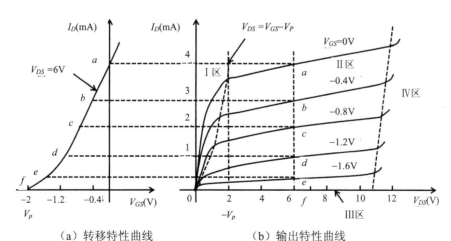

（a）转移特性曲线　　　　（b）输出特性曲线

图 18-1　N 沟道 JFET 伏安特性曲线

JFET 的输出特性是描述 I_D 随 V_{DS} 变化的特性，即

$$I_D = f(V_{DS})\big|_{V_{GS}=\text{常数}} \tag{18-1}$$

V_{GS} 取不同的常数可得输出特性曲线族如图 18-1（b）所示。它分为四个区：Ⅰ区—可变电阻区；Ⅱ区—放大区（恒流区）；Ⅲ区—截止区；Ⅳ区—击穿区。

①可变电阻区

可变电阻区是指 $V_{GD}>V_P$ 的区域。它的特点是：当 V_{GS} 在取值范围（0～V_P）内保持一定值并且 V_{DS} 较小时，I_D 与 V_{DS} 是线性关系。不同 V_{GS} 对应电阻 R_{DS} 的值不同。

②放大区（恒流区）

放大区为图 18-1（b）的Ⅱ区，放大区各条输出特性曲线接近平直但稍微斜升。在这个区域内，$V_{GD}<V_P$，沟道处于部分夹断状态，I_D 几乎不随 V_{DS} 改变而变化，故又称为恒流区或饱和区，在放大区 I_D 仅受 V_{GS} 的控制，V_{GS} 越负，I_D 越小。

③截止区和击穿区

截止区：截止区即 I_D=0 的水平坐标轴。此时 $V_{GS}<V_P$ 沟道全夹断，I_D=0。

击穿区：当 V_{DS} 不断增加，使靠近漏端处的 P-N 结反向击穿。此时 I_D 中出现突然增大的反向击穿电流。

（2）转移特性曲线

转移特性曲线是描述 JFET 工作在放大区，并保持 V_{DS} 为常数时，V_{GS} 与 I_D 的关系曲线，即

$$I_D = f(V_{GS})\big|_{V_{DS}=常数} \tag{18-2}$$

JFET 的输出特性和转移特性不是相互独立的。在输出特性上用作图法可直接求得转移特性。具体的做法是：令 V_{DS}=常数，做一垂线，读出垂线上不同 V_{GS} 对应的 I_D，据此绘出的 I_D-V_{GS} 关系曲线就是在 V_{DS} 恒定时的对应的转移特性曲线，如图 18-1 所示。

（3）增强型 MOS 管特性曲线

根据 P 沟道增强型 MOSFET 的工作原理，在不同的 V_{GS} 值下可得如图 18-1（b）所示的 I_D 在 V_{GS} 和 V_{DS} 同时作用下的一族输出特性曲线。预夹断轨迹如图中虚线曲线所示，对应的预夹断方程为：

$$V_{DS} = V_{GS} - V_T \tag{18-3}$$

将式（18-3）与 JFET 的预夹断方程（18-1）比较，只是 V_T 取代了 V_P。

P 沟道增强型 MOSFET 的输出特性曲线也可分成四个区：可变电阻区、放大区、截止区和击穿区。将预夹断方程中的等号改为大于号，进入放大区；将等号改为小于号，进入可变电阻区。在导电沟道形成后，增强型 MOSFET 的

I_D 随 V_{DS} 和 V_{GS} 变化的规律与 JFET 相同，各工作区特性的描述可参见 JFET 的对应部分。

（4）转移特性曲线

增强型 MOSFET 的转移特性曲线，同样是在放大区，取 V_{DS} 为不同的定值时，I_D 随 V_{GS} 变化的曲线。转移特性曲线如图 18-2 所示。该曲线可以直接在电路上测量获得，也可以在输出特性曲线的放大区作垂线，得到 I_D 与 V_{GS} 的一组对应值，再描出曲线。从转移特性上看出，这种场效应管具有 V_{GS} 对 I_D 的控制能力。

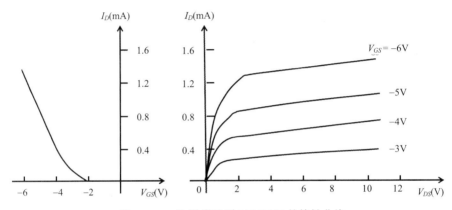

图 18-2　P 沟道增强型 MOSFET 的特性曲线

（5）耗尽型 MOS 管的特性曲线

N 沟道耗尽型 MOSFET 的特性曲线如图 18-3 所示。其中图（a）为转移特性曲线，图（b）为输出特性曲线。由它的转移特性曲线可以看出，与 N 沟道 JFET 的不同：这种管子的 V_{GS} 可为正值也可为负值。输出特性曲线也分为四个区：可变电阻区、放大区、截止区和击穿区。预夹断方程与 JFET 相同。各个工作区的特性分析可参照 N 沟道 JFET 的对应部分。

2．MOS 管性能指标的测试

场效应管的直流参数是衡量场效应管性能好坏的很重要的标准，包括阈值电压即开启电压 V_T（增强型 MOS 管）或夹断电压 V_P（耗尽型 MOS 管或 JFET），饱和漏电流 I_{DSS} 和跨导 g_m。

（1）夹断电压 V_P

对于耗尽型的 MOS 管或 JFET，随着栅极和沟道之间反向电压的不断增大，耗尽区在沟道中所占据的空间也愈来愈大，因而 S 与 D 之间流动的电流减小。极限情况时，反向电压能使电流完全中断；此时，场效应管已经夹断，引起夹

断所需的 V_{GS} 电压被称为夹断电压，用 V_P 来表示。我们通常规定 V_{DS} 恒定时，使漏极电流 $I_D=0$ 的 V_{GS} 就为夹断电压。

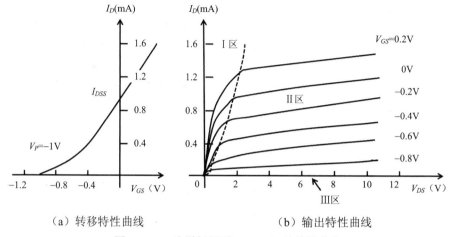

（a）转移特性曲线　　　　　　　　（b）输出特性曲线

图 18-3　N 沟道耗尽型 MOSFET 的特性曲线

（2）开启电压 V_T

对于增强型的 MOS 管，只有将 V_{GS} 达到一定值时衬底中的空穴（N 沟道）或电子（P 沟道）全部被排斥和耗尽，而自由电子（N 沟道）或自由空穴（P 沟道）大量地被吸收到表面层，使表面变成了自由电子（N 沟道）或自由空穴（P 沟道）为多子的反型层，反型层将 D 和 S 相连通，构成了源漏之间的导电沟道，把开始形成导电沟道所需的 V_{GS} 值称为开启电压或 V_T。测量的方法和夹断电压一样。

（3）饱和漏电流 I_{DSS}

由于增强型的 MOS 管 I_{DSS} 几乎为零，所以测量这个参数没有实际的意义。对于 JFET 和耗尽型 MOS 管，或多或少的处于自然夹断，即栅极-源极短路，并且夹断电压仅由内部的沿沟道流动的 I_D 而产生，此电流称为 I_{DSS}。I_{DSS} 是场效应管工作于共源极组态，而栅极-源极短路时所测的 I_D 值。为了保证电流饱和，测试 I_{DSS} 值时所规定的 V_{DS} 值应较 V_P 大得多。即在恒流区 $V_{GS}=0$ 时的 I_D 值。通常规定 $V_{GS}=0$，$V_{DS}=12V$ 时的 I_D 为饱和漏电流。

（4）跨导 g_m

跨导是指在 V_{DS} 恒定时，I_D 的微变量与引起这个变化 V_{GS} 的微变量之比，如下式：

$$g_m = \frac{I_D\text{的变化量}}{V_{GS}\text{的变化量}}\Big|_{\text{Vos=常数}} \qquad (18\text{-}4)$$

跨导相当于转移特性上工作点处切线的斜率，单位是西门子（S），常用 mS 表示。g_m 的值一般为（0.1~10）mS。g_m 不是一个恒量，它与 I_D 的大小有关，g_m 可按其定义从转移特性曲线上求出。

【实验步骤】

1．开启电压 V_T

下面以 P 沟道增强型的 MOS 管 BS250 为例来加以说明。由于是在 V_{DS} 恒定的情况下，调节 V_{GS} 使得 I_D=0。对于 P 沟道 MOS 管，在漏源之间应加 12 V 的负电源。由于要求 I_D 趋近于零，故选择量程为毫安量级或以下的电流表均可。由于要测量 V_{GS}，且 V_T 电压值不大，在栅源之间要加一个负的 6 V 量程可调电源和一个量程为 30 V 的电压表。综合以上考虑可以得到如图 18-4 所示测量电路图。

则可得出当 V_{DS}=12 V 时，调节 V_{GS} 使得毫安表趋于零时的 V_{GS} 即为开启电压 V_T。对于不同的 BS250 略有不同，可以衡量 MOS 管的好坏。

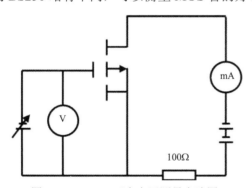

100Ω

图 18-4　BS250 开启电压测量电路图

2．夹断电压 V_P

对于夹断电压，它的含义和开启电压相同。不同的是它适合的是耗尽型的 MOS 管或 JFET。下面以 N 沟道耗尽型的 MOS 管 3DJ$_7$ 为例来加以说明。对于 3DJ$_7$，同样在漏源间加 12V 的电压，实验电路图如图 18-5 所示。

则可以得出，当 V_{DS}=12 V 时，调节 V_{GS}，使得毫安表趋近于零时的 V_{GS} 即为夹断电压 V_P。对于不同的 3DJ$_7$ 略有不同，也可以衡量一个 MOS 管的好坏。

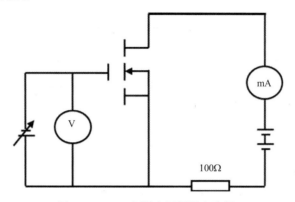

图 18-5　3DJ$_7$ 夹断电压测量电路图

3．饱和漏电流 I_{DSS}

饱和漏电流的含义是当 V_{DS} 为恒定值远大于 V_P，当 $V_{GS}=0$ 时的 I_D。对于增强型的 MOS 管，在 $V_{GS}>0$ 的情况下才开始工作，即当 $V_{GS}=0$ 时没有 I_D，故这个参数没有意义。因此，只对耗尽型的 MOS 管进行考虑，此处仍以 N 沟道耗尽型的 MOS 管 3DJ$_7$ 为例，且使得栅源之间短路，观察 I_D。该电流为毫安级，实验电路图如图 18-6 所示。

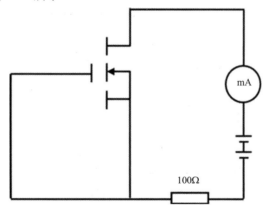

图 18-6　3DJ$_7$ 饱和漏电流测量电路图

由于当栅源短路，$V_{DS}=12$ V，饱和漏电流 $I_D=I_{DSS}=3.6$ mA。

4．特性曲线

特性曲线包括转移特性曲线和输出特性曲线。两种特性曲线均能直观地反映 I_D 随 V_{GS} 和 V_{DS} 的变化，使我们更加深刻的了解 MOS 管的特性。并且，这两种特性曲线还可以互相转化。

（1）先介绍转移特性曲线的测量，从定义来说，转移特性曲线是在 V_{DS} 不变的情况下，观察 I_D 随 V_{GS} 变化的一个曲线。在此我们对于 N 沟道耗尽型 MOS 管 3DJ7 和 P 沟道增强型 MOS 管 BS250 分别介绍。

对于 3DJ7，取 V_{DS}=12 V，则观察 I_D 随 V_{GS} 的变化，由于 I_D 很小，故取毫安级以下毫安表即可。栅源电压需要进行调节且其值不大，故选择 6 V 量程的可调电源。实验电路图如图 18-7 所示。实验数据记入表 18-1。

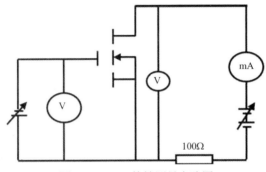

图 18-7　3DJ7 特性测量电路图

表 18-1　MOS 管转移特性测试数据（3DJ7，V_{DS}=12 V）

V_{GS}（V）	−3	−2	−1.5	−1	0
I_D（mA）					

对于 BS250，定义是相同的，取 V_{DS}=12 V，仍然是观察 I_D 随 V_{GS} 的变化，由于 I_D 是毫安量级，仍取毫安表即可。而 V_{GS} 需要进行调节且其值不大，故选择 6 V 量程的可调电源。栅源两端并联的电压表选择 30 V 量程电压表。实验电路图如图 18-8 所示。实验数据记入表 18-2。

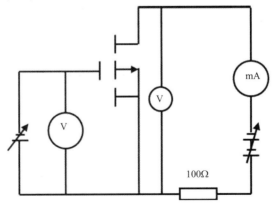

图 18-8　BS250 特性曲线测量电路图

表 18-2　MOS 管转移特性测试数据表（BS250，$V_{DS}=-12$ V）

V_{GS}（V）	−2	−2.4	−2.8	−3	−3.2
I_D（mA）					

由以上两组数据，可以描绘出转移特性曲线。由这些数据可以看出，当在 V_{DS} 不变的情况下，V_{GS} 对 I_D 的控制作用。即可看出 MOS 管与晶体管的最重要的区别：晶体管是电流控制元件，晶体管是通过小电流（I_B）控制大电流（I_C），即体现的是电流的放大。而 MOS 管是电压控制元件，它是利用 V_{GS} 来控制 I_D。因为这点，使 MOS 管在很多方面优于晶体管，使 MOS 管得到更广泛的应用。

（2）输出特性曲线，由定义来说，输出特性曲线是在 V_{GS} 不变的情况下，观察 I_D 随 V_{DS} 变化的曲线。同样对 N 沟道耗尽型的 MOS 管 3DJ$_7$ 和 P 沟道增强型的 MOS 管 BS250 进行分析。由于在这种情况下，随着 V_{DS} 的增大，将会看到 I_D 开始一段随着 V_{DS} 的增加将会线性的增加，直到 V_{DS} 达到 V_T（增强型 MOS 管）或 V_P（耗尽型的 MOS 管）。在这之后 V_{DS} 增加但 I_D 基本不再变化。当 V_{DS} 继续增加，到达击穿电压时，I_D 突然增加，进入击穿状态，此时，如控制得不够及时，MOS 管会在很短的时间烧毁。因此，只进行到 I_D 达到饱和即恒定时的测量。数据记入表 18-3 和 18-4。

表 18-3　MOS 管输出特性测试数据（3DJ$_7$，$V_{GS}=-2$ V）

V_{DS}（V）	2	3	4	5	6
I_D（mA）					

表 18-4　MOS 管输出特性测试数据（BS250，$V_{GS}=-2.5$ V）

V_{DS}（V）	−1	−3	−6	−9	−12
I_D（mA）					

如果画图不够精细，可以适当增加电压和电流值的个数。

【数据处理与分析】

根据所测数据绘制 MOS 管的转移特性曲线和输出特性曲线。

参 考 文 献

[1] 刘恩科. 半导体物理学[M]. 7 版. 北京：电子工业出版社，2012.

[2] 黄昆，谢希德. 半导体物理学[M]. 北京：科学出版社，1958.

[3] 施敏. 半导体器件物理[M]. 3 版. 西安：西安交通大学出版社，2008.

[4] 施敏. 现代半导体器件物理与工艺[M]. 2 版. 苏州：苏州大学出版社，2002.

[5] 刘树林. 半导体器件物理[M]. 北京：电子工业出版社，2005.

[6] A.S. 格罗夫. 半导体器件物理与工艺[M]. 齐健，译. 北京：科学出版社，1976.

[7] Donald A.Neamen. 半导体物理与器件[M]. 赵毅强，译. 北京：电子工业出版社，2005.